NF文庫
ノンフィクション

新装解説版

最強部隊入門

兵力の運用徹底研究

藤井 久ほか

潮書房光人新社

『最強部隊入門』目次

最強部隊入門

兵力の運用徹底研究

第1章

1

世界初の空母艦隊
日本海軍第一航空艦隊

木村信一郎

■太平洋戦争緒戦期の華

近代航空戦の幕明けとなった南雲艦隊の栄光と落日

第一航空艦隊というのは、世界最初の空母艦隊の名称である。船につまれて以来四〇〇年、海戦の主役として世界中の海軍に君臨してきた大砲にかわって、飛行機がそれをしのぐ兵器であることを、はじめて立証した艦隊であった。

それは空母によって編成された艦隊であり、この意味からも海戦史上ながく記録され、決して忘れられることはない。

空母そのものは、一九三〇年代にほぼ実用性を確立していたが、その空母を集中的に活用し、搭載する飛行機（すなわちそれが持つ爆弾や魚雷）のマスによって、攻撃力を一時に目標に集中させ、その効果を飛躍的に増大させたのが第一航空艦隊で

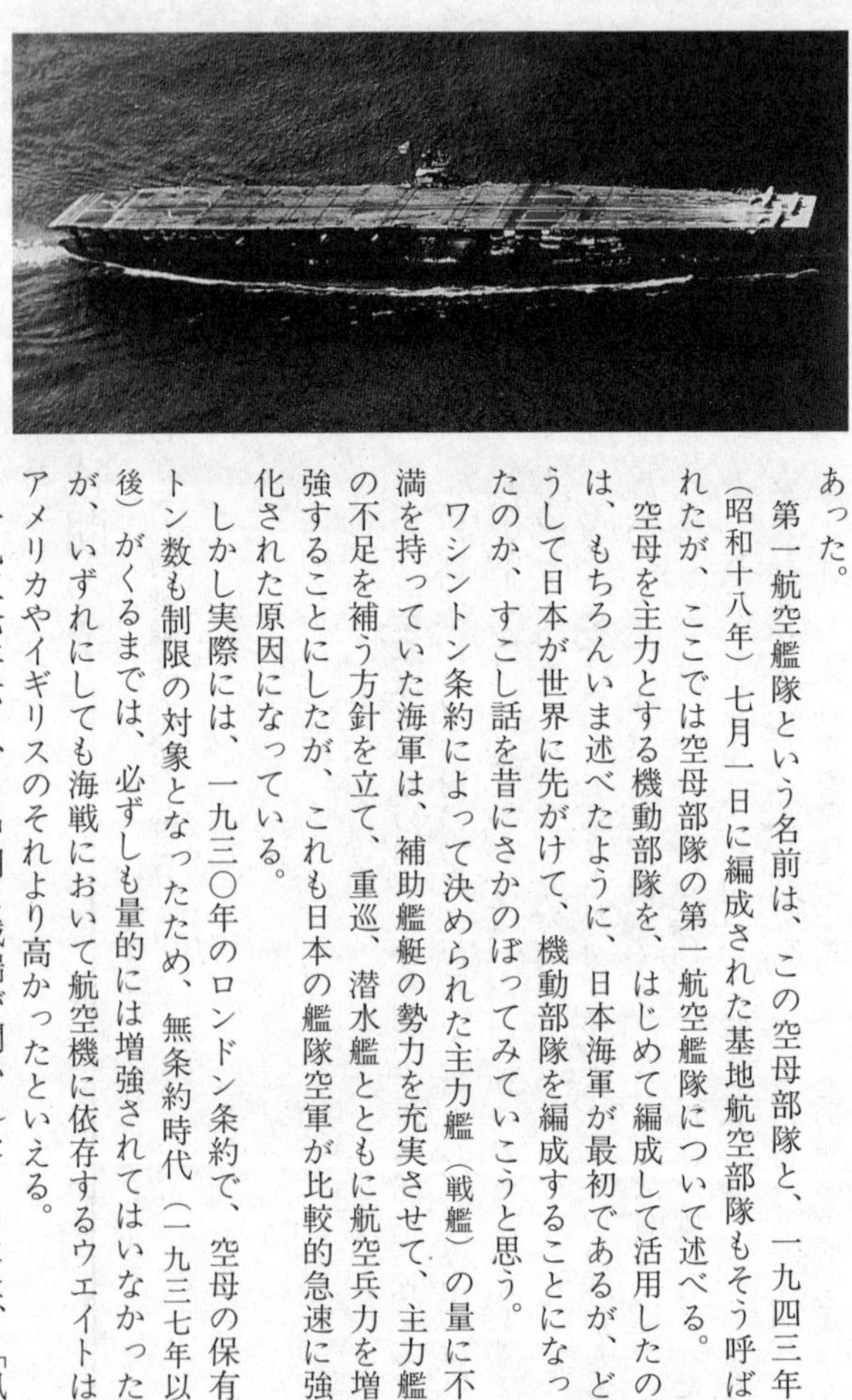
「赤城」

あった。

第一航空艦隊という名前は、この空母部隊と、一九四三年（昭和十八年）七月一日に編成された基地航空部隊もそう呼ばれたが、ここでは空母部隊の第一航空艦隊について述べる。

空母を主力とする機動部隊を、はじめて編成して活用したのは、もちろんいま述べたように、日本海軍が最初であるが、どうして日本が世界に先がけて、機動部隊を編成することになったのか、すこし話を昔にさかのぼってみていこうと思う。

ワシントン条約によって決められた主力艦（戦艦）の量に不満を持っていた海軍は、補助艦艇の勢力を充実させて、主力艦の不足を補う方針を立て、重巡、潜水艦とともに航空兵力を増強することにしたが、これも日本の艦隊空軍が比較的急速に強化された原因になっている。

しかし実際には、一九三〇年のロンドン条約で、空母の保有トン数も制限の対象となったため、無条約時代（一九三七年以後）がくるまでは、必ずしも量的には増強されてはいなかったが、いずれにしても海戦において航空機に依存するウエイトは、アメリカやイギリスのそれより高かったといえる。

一九三七年六月、日中間に戦端が開かれたときには、「鳳

「加賀」

翔」「赤城」「加賀」「龍驤」の四隻の空母が就役しており、中型空母「蒼龍」が竣工直前、「飛龍」が建造中であった。

しかし戦闘は陸戦が主で、空母は活躍の場はあまりなかったが、基地航空部隊は当初より渡洋爆撃をはじめ、支那本土における作戦にたずさわっていた。そしてこの航空戦の戦訓は、集団による大機数の集中用法がもっとも効果的であるということになり、各航空部隊を二つの集団にまとめた、第一～二連合航空隊が編成された。

また当時、基地航空部隊にいた源田実少佐は、この体験から、空母の集中用法を強力に主張して、機動部隊の編成と作戦面に大きな推進力となった。

こういった実績によって、日本海軍では、陸軍や諸外国の空軍に先んじて、航空機の集団使用という用兵思想に、関係者は認識を深め、これが空母搭載の航空部隊にも当然あてはまるものと考えられるようになった。

そして一九三九年には、空母部隊と基地航空部隊が協同して演習を行ない、また翌一九四〇年には、これら両航空部隊を統一指揮した演習が行なわれるなど、着々と成果をあげ、当時第一航空戦隊司令官として、この演習に参加した小沢治三郎少将

「鳳翔」

は、空母を主力として編成する艦隊の必要性を強く具申した。
また当時、中型空母「蒼龍」「飛龍」の竣工により、大型二、中型二、小型二のバランスのとれた空母勢力が整っていたことも相まって、実質面でもそれに応えられる体勢ができ上がっていたのである。
したがって、さきに問題とした、日本海軍がいち早く空母の集中用法という進歩的な理念に到達した原因として、いままで述べたことを要約すると、戦艦の劣勢を補うため、空母が他国の海軍より重要視されたことと、日中戦争において近代的な航空戦を経験したことの二つにあったといえよう。
そして、さらにつけくわえるならば、飛行機の急速な進歩によって、その戦力は艦隊決戦において、十分な成果を期待し得るまで向上したし、実戦や演習において、それが立証されつつあったことである。

難航した一航艦の編成

こういったいきさつから、一九四一年四月十日に発令された、昭和十六年度の戦時編成の連合艦隊に、はじめて空母部隊をまとめて編成した第一航空艦隊がつくられたのである。

「龍驤」

兵力内容は一航戦（赤城、加賀）、二航戦（蒼龍、飛龍）、四航戦（龍驤）の空母五隻と、各航空戦隊付属の駆逐艦八隻よりなっていた。司令長官は南雲忠一中将が着任した。

この内容は、空母戦隊をまとめたというのに過ぎず、付属の駆逐艦も全部を合わせて、二コ駆逐隊分の兵力しかなかったので、建制の一航艦はいわゆる機動部隊と呼ぶにはふさわしくない艦隊であった。

後日、真珠湾作戦のために、軍隊区分として戦艦や巡洋艦、水雷戦隊がくわわったが、建制としての一航艦は、その解隊まで空母と駆逐艦だけの艦隊であった。

そして同年八月には、大型正規空母「翔鶴」が竣工し、つづいて完成した商船改造の補助空母春日丸（のち「大鷹」）とをもって第五航空戦隊を編成したが、十月に「瑞鶴」が竣工すると、春日丸にかわって五航戦にはいり、春日丸は四航戦に編入された。

こうしてこの年の暮れの開戦までに、一航艦の空母は総数八隻となり、急速に拡大、充実されたのである。

ところで、一方では、この年の一月、連合艦隊司令長官山本五十六大将は、腹心の大西瀧治郎少将と幕僚の一部に真珠湾攻

「飛龍」

撃作戦の研究を命じた。

この構想を山本長官が持つにいたったのは、前年の十二月ごろといわれるが、この要請を受けた大西少将は、この作戦が当時、少将の属していた基地航空部隊（第一一航空艦隊）には実行不可能な作戦で、一航戦の航空参謀源田実少佐に具体的な計画の立案を依頼した。

この計画が大西少将の手をへて、山本司令長官にわたったのは四月上旬で、ちょうど第一航空艦隊が編成されたときであった。

そしてただちに軍令部に示されたが、作戦内容が投機的すぎるということや、戦争となった場合は、南方作戦を第一目標とする必要があることなどから、強い反対を受けた。

しかし、山本長官は職をかけてこの作戦の実施を主張し、九月にいたり軍令部もついに折れて、真珠湾作戦の決定をみた。

一般にはよく、一航艦は真珠湾作戦のために編成されたように思われているが、いままで述べた事実をみても、決してそうではない。

山本長官には、一航艦編成の計画当初から、真珠湾作戦とを結びつけて考えていたかも知れないが、大西—源田間のやりと

「蒼龍」

りや、源田案の答申などは、山本長官の私的なブレーン内の計画であり、公式に真珠湾作戦が明らかにされたのは、一航艦が編成された四月十日より後であり、正式決定をみたのは九月である。

一方、一航艦編成の計画は、前年の一九四〇年からあったし、その気運はもっと以前から熟してきていたのである。

一航艦の征くところ敵なし

十月にはいってから、真珠湾作戦の訓練を開始した航空部隊は、新編成の五航戦の加入があったり、湾内の浅い海面における雷撃など、いろいろ問題はあった。しかし、十一月半ばまでには一応のメドがつき、総合訓練を実施したのち、各艦は作戦部隊の集合地である、千島エトロフ島のヒトカップ湾に集結した。

この作戦には一航戦、二航戦、五航戦の六隻の空母のほかに、第三戦隊の高速戦艦「比叡」と「霧島」、第八戦隊の重巡「利根」「筑摩」、第一水雷戦隊の「阿武隈」以下九隻の駆逐艦が配属され、支援部隊と呼ばれるこれらの艦を、第三戦隊司令官三川軍一中将が指揮した。

「翔鶴」

後日、これらすべてを合わせた部隊を、機動部隊と呼ぶようになったのである。

一九四一年十二月八日午前一時三十分(日本時間)、ハワイの北方二三〇カイリの洋上に達した機動部隊は、一八三機の第一波攻撃隊を発進し、一時間後に一七〇機の第二波が真珠湾に向かった。

漠々たる雲上で日の出を迎えた攻撃隊は、三時十九分、眠りのさめやらぬ真珠湾上空に殺到した。

湾内には、アメリカ太平洋艦隊の戦艦八隻があり、攻撃隊は二時間にわたる攻撃で、戦艦アリゾナとオクラホマを転覆させ、カリフォルニア、ウエストバージニア、標的艦ユタを着底、他の戦艦にもすべて損傷をあたえた。また航空機一〇〇機をも破壊し、予想を上まわる戦果をあげて避退した。

しかし偶然にも空母はすべて出動中で、これを捕捉できなかったことは、後日に大きな宿題を残したことになった。

一方、一航艦側の被害は、航空機二九機の損失であった。

真珠湾作戦を終わって帰途についた機動部隊は、途中で苦戦するウェーキ島攻略部隊の支援を命ぜられ、山口多聞少将の二航戦(蒼龍、飛龍)および八戦隊(利根、筑摩)と駆逐艦「谷

「瑞鶴」

風」「浦風」を分派した。

この部隊は二月十六日、ウェーキ島近海に到着し、劣勢の米海軍機と空戦をまじえたが、ほどなく制空権を獲得し、上陸作戦の支援を行なったのち、本隊を追って広島湾に帰投した。

ここで新手を迎えた機動部隊は、一月中旬より南方作戦に協力するため内地を発し、ニューブリテン、ニューアイルランドの攻略支援に向かった。

この作戦もほとんど戦闘がなく、ラバウル、カビエンやニューギニアのラエ、サラモアを爆撃した。なお、この作戦に参加した飛行機乗りが、日本の飛行機乗りでラバウルをみた最初であり、後日、ここが南方最大の航空基地となるのである。

さてパラオに帰った機動部隊は、翌二月十五日にふたたび南に向かい、二月十九日、オーストラリア北部の要港ポートダーウィンを空襲した。参加兵力は一航戦と二航戦、三戦隊、八戦隊、一水戦の計一八隻で、五航戦の「翔鶴」と「瑞鶴」は、ようやく動きが目立ってきた米空母にそなえて東方海域の哨戒を行なった。

ポートダーウィン港には、めだった艦艇が少なかったため、攻撃は地上施設に対しても行なわれ、この結果、同港は一時そ

「祥鳳」

の機能を失うにいたった。

この作戦を終わった機動部隊は、いったんパラオに帰ったが、三月になると、インド洋作戦のために、セレベスのスターリング湾に集結した。しかし「加賀」はパラオにおいて座礁し、修理のためにこの作戦からは除かれた。

この作戦に参加した兵力は、「赤城」「飛龍」「蒼龍」「翔鶴」「瑞鶴」の空母五隻と高速戦艦「比叡」「霧島」「金剛」「榛名」の同型四隻がすべて艏をそろえ、このほか「利根」「筑摩」、一水戦の「阿武隈」以下八隻の駆逐艦であった。

四月五日、セイロン島のコロンボを空襲した機動部隊は、その間に英重巡コンウォールとドーセットシャーを発見し、第二次攻撃隊がこれに向かい、間もなく撃沈した。

そして四月九日にもう一度セイロンに接近し、トリンコマリーを空襲したが、このときも避退中の英空母ハーミスを発見して撃沈した。

この作戦はインド洋からの、主に英海軍の脅威を除くためであったが、期待した英東洋艦隊との戦闘は起こらず、双方とも相手との接触を求めていたにもかかわらず、偶然のゆき違いから、ついに会敵することができなかった。

第一航空艦隊の変遷

1941年4月10日	
1航戦	赤城　加賀　7駆逐隊（曙、潮、漣）
2航戦	蒼龍　飛龍　23駆逐隊（菊月、夕月、卯月）
4航戦	龍驤　3駆逐隊（汐風、帆風）
1941年10月1日	
1航戦	赤城　加賀　7駆逐隊（曙、潮、漣）
2航戦	蒼龍　飛龍　23駆逐隊（菊月、夕月、卯月）
4航戦	龍驤　春日丸　3駆逐隊（汐風、帆風）
5航戦	瑞鶴　翔鶴　朧　秋雲
1942年5月3日	
1航戦	赤城　加賀
2航戦	飛龍　蒼龍
4航戦	龍驤　隼鷹　祥鳳
5航戦	翔鶴　瑞鶴
10戦隊	長良　10駆逐隊（風雲、夕雲、巻雲、秋雲） 4駆逐隊（野分、嵐、萩風、舞風） 17駆逐隊（浦風、磯風、谷風、浜風）

そしてこの作戦も、トリンコマリー空襲を最後に、機動部隊は帰途につき、ポートモレスビー作戦のために五航戦と別れて、他の部隊は日本に向かって航海していた。

この途中で、東京空襲の報に接し、日本の東方海面に急行したが、米空母を捕捉することはできなかった。

苛烈な近代航空戦の幕開け

当時、軍令部では、成功裏に終わった第一段作戦につづく第二段作戦の展開を検討していたが、それまでに占領した南方資源地帯の確保と、米艦隊を誘引して早期に決戦を求めるために、さらに南進して、ニューギニアのポートモレスビーと、ソロモン群島を攻略することになった。

モレスビーの攻略には、南洋部隊の第四艦隊（井上成美中将）があたることになったが、一航艦からはインド洋作戦を終わった五航戦（原忠一少将）と、竣工して間も

昭和16年11月3日、広島湾に停泊する「赤城」艦上の第一航空艦隊司令部首脳。前列中央に南雲忠一長官、左は草鹿龍之介参謀長、左端は源田実参謀。

ない軽空母「祥鳳」（四航戦）が参加した。

部隊は珊瑚海にはいり、モレスビーに向かったが、五航戦ではソロモン群島が米機動部隊に空襲されていたところから、当然敵と接触するものと予想し、索敵機を飛ばして警戒した。

五月七日、米機動部隊は、攻略船団を護衛していた「祥鳳」を発見し、攻撃を集中してこれを撃沈した。

また、五航戦の偵察機は、米艦隊の油槽船と駆逐艦を発見してこれを撃沈したが、双方とも主力を発見できずに、七日は暮れてしまった。

明ければ五月八日、早朝から索敵機を飛ばした五航戦は、目ざす米空母を発見した。こうして史上初の空母の近代海戦が生起したのである。

攻撃隊は米空母に殺到し、レキシントンを大破させ、ヨークタウンにも損害をあたえた。そしてレキシントンは間もなく、艦内に漏洩したガソリンの爆発により沈没したのである。

一方、五航戦に襲いかかった米機群は、「瑞

第一航空艦隊旗艦「赤城」の艦橋内。中央が南雲長官、右は草鹿参謀長、左は「赤城」艦長。世界最強の艦隊の指揮所。

鶴」がスコールの中にはいっていたため、「翔鶴」一隻に攻撃を集中し、爆弾三発を命中させて、その戦闘能力をうばってしまった。

米艦隊もレキシントンを失って避退をはじめ、日本側もモレスビー攻略を中止して引き上げたのである。

しかし、残敵掃討に、健在な「瑞鶴」に追わせなかったのは、後に批判の対象となった。

艦隊側では、予想以上に大きな航空機の被害に、戦意を喪失したのも理由の一つであったが、これが空母戦闘の常識であることを、まもなく認識させられることになる。

空母対空母の戦闘においては、双方の艦艇はおたがいの敵を見ずに、搭載した艦上機によってたがいに空母をつぶしあう。艦と乗員は敵艦と射ち合うかわりに来襲する敵機とわたりあう。

乗員にとって、みえるのは味方の被害ばかりで、相手の状況は皆目わからない。なによりも先に相手を発見し、攻撃をかけ、敵空母の戦闘力をうばわなければならない。

飛行機は意志ある弾丸となって敵艦にせまり、対空砲火や直衛戦闘機をふりきって攻撃を集中する。

この犠牲は大きく、たとえ敵艦を沈め、海戦が勝利に終わっても、こと航空機に関するかぎりは、あまり勝敗の差はない。問題はこの後の補充能力の差によって決せられる。

珊瑚海海戦は、こういった凄絶で、およそ冷酷な近代航空戦の端緒となったのである。

栄光が絶たれた日

南進して米豪遮断を目的とする第二段作戦も、ドーリットル隊に東京を空襲されたことによって、一時その作戦方向を変更して、ミッドウェー、アリューシャンを攻略すると同時に、その方面に米艦隊を誘い出して、決戦のチャンスを求めることとなった。こうして開戦後、はじめて連合艦隊の可動全兵力をあげた大作戦が計画されたのである。

一航艦はもちろん先頭をきって進み、ミッドウェー島の空襲と、米艦隊の出撃にそなえることになった。しかし、五航戦は珊瑚海海戦で傷つき、作戦には間にあわないので、一、二航戦の「赤城」「加賀」「飛龍」「蒼龍」の四隻のみで出撃した。

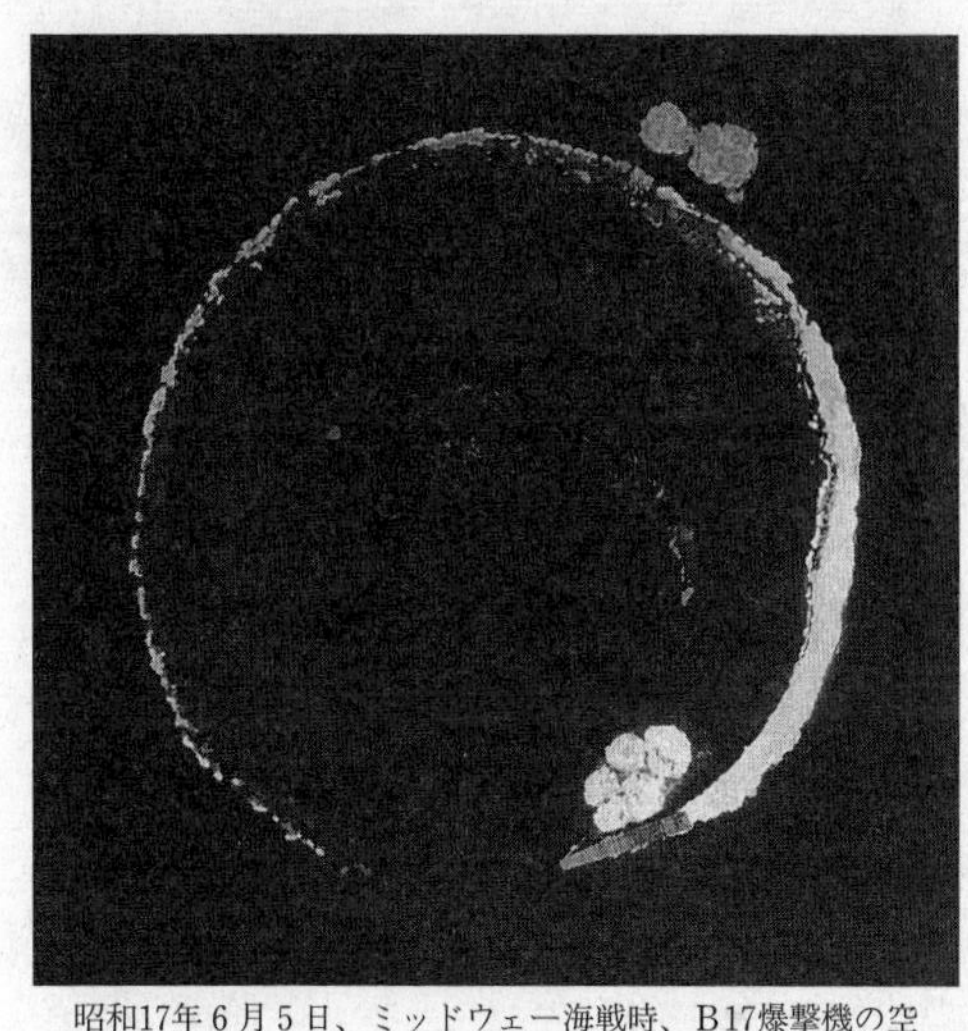

昭和17年6月5日、ミッドウェー海戦時、B17爆撃機の空襲を回避する「蒼龍」。艦の側に炸裂した爆弾痕が見える。

また支援兵力は、三戦隊の「霧島」「榛名」、八戦隊の「利根」「筑摩」、そして新たに空母部隊直衛に編成された、第一〇戦隊の「長良」以下駆逐艦一二隻であった。

このほか、「龍驤」と完成早々の「隼鷹」からなる四航戦は、第二機動部隊として、アリューシャン方面の作戦部隊に特派されて、ダッチハーバーの空襲に向かった。

五月二十七日、呉を出港した機動部隊は、六月三日、霧の中で変針を行なうさい、かたく禁じられていた無電を使ってしまった。奇襲をするつもりの機動部隊が、無電を発したのは大失態であったが、真珠湾のときとちがって、この作戦では以前から防諜にはルーズであった。

機動部隊は、日本の企図を察知して待ちかまえる敵の中に飛びこんで行ったのである。

六月五日朝、ミッドウェーの北東二

五〇カイリにせまった機動部隊は、攻撃隊を発進して、ミッドウェーへの航空攻撃を開始したが、効果は十分ではなかった。攻撃隊長は第二次攻撃隊の発進を具申した。

空母艦上には当時、対艦装備を施した第二次攻撃隊が、米艦隊にそなえて待機していたが、この報告によって装備を陸上用に変更した。

このころから、ミッドウェーを発した敵機や、空母から発進したと思われる艦上機が、機動部隊に襲いかかってきたが、直衛戦闘機の活躍でかろうじて防いでいた。

このとき、さきに出発した偵察機から米艦隊発見の報告がきたのである。兵力はヨークタウン、エンタープライズ、ホーネットの三空母を中心とする艦隊であったが、このときの偵察は、「利根」の一機がカタパルト故障で出発がおくれたり、「筑摩」の一機が天候不良で引き返したりして、密度のうすい粗雑なもので、結局これが、この海戦の命とりになったのである。

米機動部隊発見とともに、いったん陸上装備に変更した第二次攻撃隊は、ふたたび対艦装備に変更しなければならなくなった。

作業は米機の襲撃と、第一次攻撃隊の収容などで混乱したが、

昭和17年6月6日、ミッドウェー沖で炎上する「飛龍」。総員退艦後の姿で、この後、駆逐艦「巻雲」の魚雷により処分された。

一時間半で各艦の準備がととのい、いよいよ第二次攻撃隊の発艦を開始した。

このとき、米空母から発した急降下爆撃機が降ってきたのである。

直衛戦闘機は雷撃機を防いでいたために、海面近くに引きよせられ、見張員の注意も水平線上に集まっていたために、発見したときはすでに遅く、「赤城」は二発、「加賀」は四発、「蒼龍」は三発の直撃弾を受けた。

しかも魚雷、爆弾、燃料を満載して、飛行甲板いっぱいにならべられた攻撃隊のうえに炸裂したのである。たちまち誘爆、引火して各艦とも大火災となり、手のつけられない状態となった。

ただ一隻攻撃をまぬがれた「飛龍」は、この間に攻撃隊を発進し、ヨークタウンを大破させた。

「飛龍」はなおも攻撃を反覆したが、つ

いに爆撃機に捕捉されて戦闘不能におちいり、翌六日、駆逐艦によって処分された。また先に大火災を起こした三艦も、つぎつぎに沈没し、ここに四隻の空母は全滅した。

山本長官は全艦隊に対して、作戦の中止と避退を命じ、ここに開戦以来はじめての敗北、しかも戦争の帰趨を決定した重大な敗北をこうむったのである。

こうして七月十四日、第一航空艦隊は解隊され、機動部隊は新しく第三艦隊という名で継承され、長官に南雲忠一中将が就任した。

これは建制として、戦艦部隊や巡洋艦部隊をふくんだ本格的な機動部隊で、以後、名実ともに日本海軍の主力として、幾多の海戦に登場するのである。しかしその実力と成果は、ついに一航艦におよぶことはなかった。

一時期ではあるが、太平洋の王者として君臨した一航艦のかがやかしい戦歴は、海戦史上に印されて永久に消えることはない。

不敗の機動部隊
アメリカ海軍第五艦隊

第1章

2

柏木 浩

■復活した強力な空母艦隊

エセックス級空母を率いて君臨した太平洋の雄

日露戦争がはじまった年（一九〇四年）の四月に、米国はカラー・プランという一連の戦争計画をつくったが、そのうちで「オレンジ・プラン」というのは、対日戦争計画であった。日本海軍が、米国を主要仮想敵国として、西太平洋を確保することを方針としたのは、明治四十年（一九〇七年）のことである。

第一次大戦（一九一四年～一九年）の結果、極東情勢は大きく変わり、太平洋における日米衝突の可能性が大きく浮かび上がることになった。

新たに日本の委任統治領となった旧ドイツ領のマーシャル、

マリアナ、カロリン諸島は日本の立場を強化し、米艦隊が西方へ進撃する場合に、その前面に立ちはだかることとなり、その突破は米海軍の重大な関心事となった。

その後、米国海軍は、対日戦略の基礎を攻勢作戦におき、できるだけ早い時期に西太平洋において、日本よりも優勢な海軍力を確立することを主眼とした。ワシントン会議において日本に劣勢比率を押しつけたのも、この魂胆からである。

一九二六年の進攻計画によれば、マーシャル、カロリンおよびマリアナの諸島を占領して、基地を建設するとのべている。

一九三五年の計画は、この構想を具体化した。すなわち、海兵隊と陸軍部隊は、動員下令の一二日後に、マーシャル諸島攻略のため出発するというのである。

このころ、ナチス・ドイツが強大になるにともない、米国は両洋に対する戦争計画を立てる必要にせまられ、米本土と西半球の防衛を重視した米陸軍は、太平洋ではアラスカ、ハワイ、パナマ運河を結ぶ戦略三角形による防勢戦略を主張した。

これに対し米海軍は、依然としてハワイ西方への、攻勢的な対日進攻戦略をゆずらなかった。

一九三九年六月――第二次大戦の直前――米国は対枢軸戦争

ラングレー

計画を作成したが、この中で日本だけとの戦争の可能性については、次のように考慮された。
すなわち、戦争初期は東経一八〇度線以東の海域で防勢をとるが、ひきつづき次の四つのルートのいずれかによって、基地を前進させて、太平洋横断の攻勢作戦に出るというものである。
(1)アリューシャン列島
(2)真珠湾＝ミッドウェー＝ルソン
(3)マーシャル＝マリアナ＝ヤップ＝パラオ
(4)サモア＝ニューギニア＝ミンダナオ
陸海軍の立案者たちは(2)と(4)が適当な進攻路であり、かつ、両者を連合して使用すべきであると考えた。つまり、中部太平洋の横断が最良であると判断したのである。

この戦争計画は「レインボー計画」と呼ばれ、第一から第五までの異なった情勢を基礎につくられた。「レインボー第五」の基本構想は、米国は英国と協同し、枢軸側と交戦するものと仮定し、西半球を防御する。

まず欧州枢軸国に主力をそそぎ、また太平洋では日本に対して攻勢がとれるようになるまで、防勢作戦をとるというもので、他の四つよりも第二次大戦のじっさいにもっとも近いものであ

サラトガ

った。

潰滅した米太平洋艦隊

「レインボー第五」計画は、その後、世界情勢の変化に応じて検討研究のうえ改定され、一九四一年五月に最終的なものが完成した。「総合陸海軍基本戦争計画」（レインボー第五）がこれである。陸海軍はこの基本計画にもとづき、それぞれ戦争計画を作成した。

海軍基本戦争計画の中に定められた合衆国太平洋艦隊の諸任務の中には、次のことがふくまれていた。

(1)マーシャル、カロリン諸島における要地の攻略
(2)艦隊前進根拠地をトラックに設定する準備
(3)敵の海上交通線と要地に対する攻撃

それより先、一九四〇年四月に年次大演習のために、カリフォルニア基地からハワイ方面に移動した米太平洋艦隊は、例年とちがって西海岸には帰投しないで、そのまま真珠湾にとどまるように命令を受けた。

日本の南進行動を抑制し、万一有事の際は西進して、日本艦隊の腹を突くというのが、その狙いであった。

レキシントン

そういうわけで、太平洋艦隊司令長官は、海軍基本戦争計画にもとづいて太平洋艦隊作戦計画を作成し、それを一九四一年七月に発布した。

この作戦計画の中で、あたえられた任務を達成するために、第一より第一〇までの任務部隊の基本編制が示されたが、そのうち第一から第三までの任務部隊の編制は次の通りである。

第一任務部隊＝（戦闘部隊指揮官）戦艦（六）、空母（一）、軽巡（七）、駆逐艦（一四）、駆逐母艦（一）

第二任務部隊＝（戦闘部隊航空機群指揮官）戦艦（三）、空母（二）、重巡（四）、軽巡（一）、駆逐艦（八）、駆逐母艦（一）

第三任務部隊＝（索敵任務部隊指揮官）重巡（八）、空母（一）、駆逐艦（一八）、敷設艦（五）、輸送艦若干、第二海兵師団の主力、第二海兵航空部隊

この任務部隊の主任務は、占領または破壊の目的をもって、マーシャル諸島の日本軍基地に対する上陸攻撃、ことにエニウエトク島の占領計画に重点をおき、準備と訓練を実施することであった。

ところで、開戦直前の米太平洋艦隊の兵力は戦艦九、空母三、重巡一二、軽巡九、駆逐艦五四、潜水艦二九よりなり、大西洋

CV-1ラングレー(1930年)

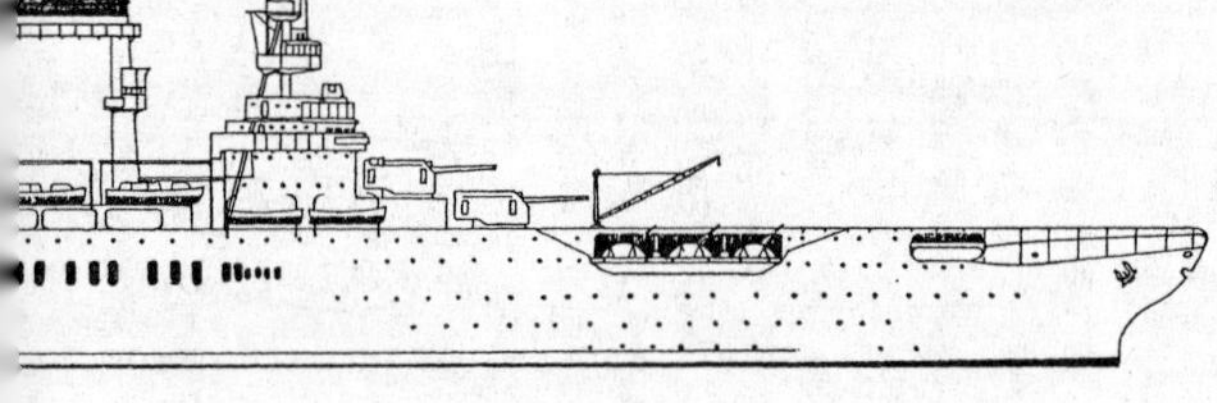

CV-2レキシントン(1938年)

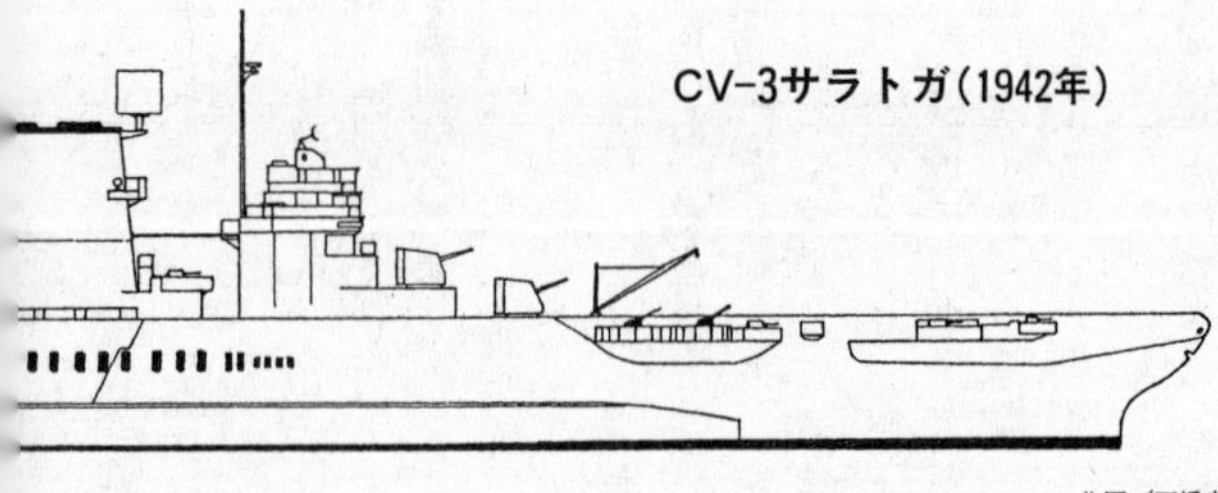

CV-3サラトガ(1942年)

作図／石橋孝夫

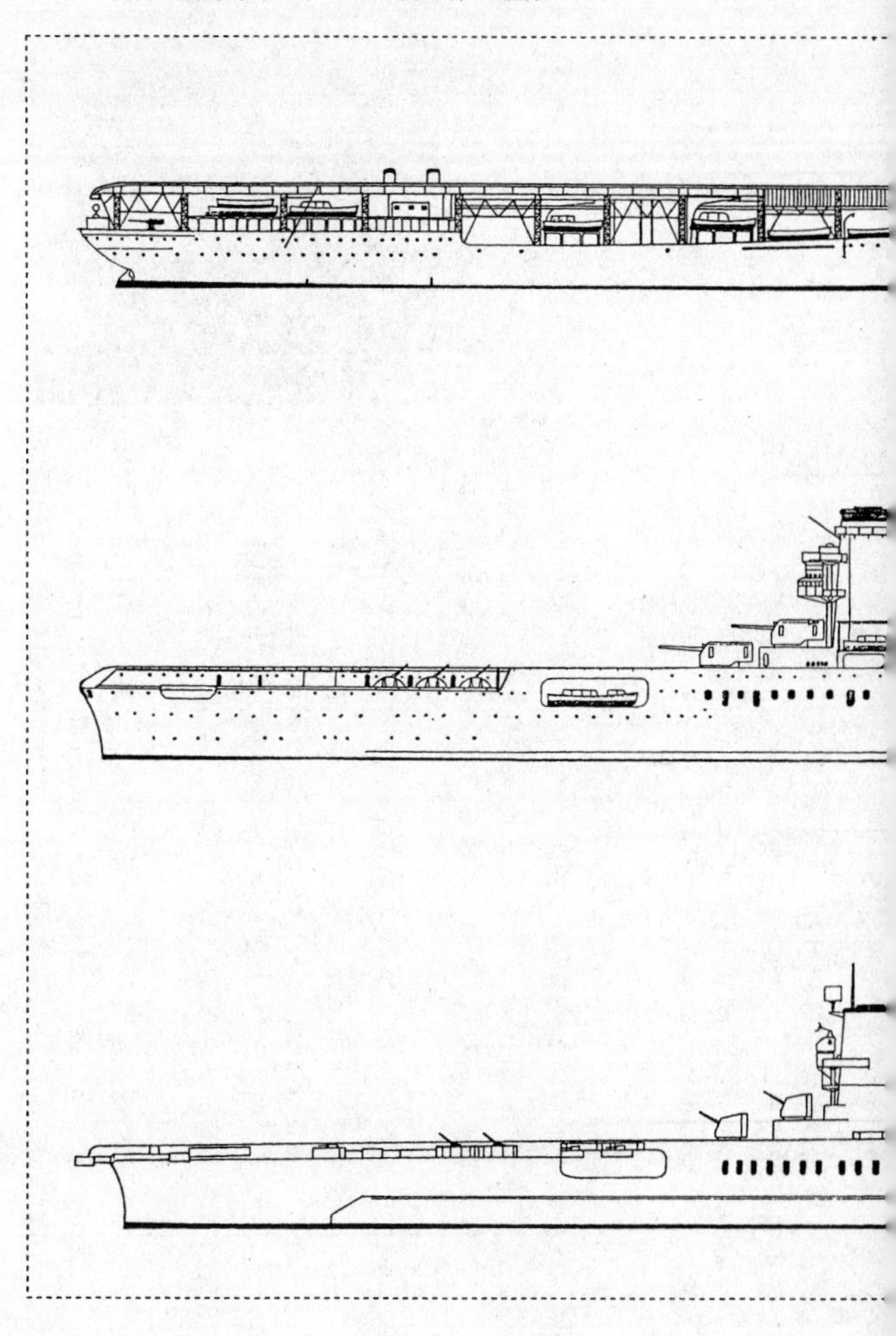

艦隊とアジア艦隊を合わした合衆国艦隊の全兵力は、戦艦一七、空母七、重巡一八、軽巡一九、駆逐艦二一四、潜水艦一一四、合計三八九隻（一四二万六〇〇〇トン）という巨大なものであった。

一方、日本連合艦隊は、戦艦一〇、空母九、重巡一八、軽巡一八、駆逐艦九三、潜水艦五七、合計二〇五隻（九二万五〇〇〇トン）で、日本海軍全兵力の九五パーセントを占めていた。

日本海軍はその空母兵力において、米国海軍より優勢であり、とくに太平洋方面においては圧倒的であったことが注目に価する。

ヨークタウン

日本機動部隊（空母六、戦艦二、重巡二、軽巡一、駆逐艦九、飛行機三七〇）による開戦当初の真珠湾奇襲は、太平洋艦隊の背骨を打ち砕いてしまった。空母三隻は撃沈をまぬがれたが、戦艦九隻は一隻をのぞき撃沈されてしまった。（沈没三、転覆一、大破一、中小破三）

海軍の長い歴史の上で、艦隊兵力の主力と見なされていた戦艦が、太平洋艦隊から姿を消してしまったのである。戦艦群を中心とした輪形陣で堂々と太平洋を横断し、日本艦隊に巨砲の雨を降らせて、それを撃破しようとする対日戦略の夢は、一挙

エンタープライズ

にくずれ去った。

　生き残ったわずか三隻の空母で、どうして九隻の日本空母群に対抗できよう。

空母増強に乗り出す

　真珠湾以後、米国海軍の指導者たちは、制海権は空母群の航空兵力に依存するものであることを、骨身にこたえて認識したのである。

　しかし、開戦前においても、太平洋進攻作戦における空母機動部隊の用法をきわめて重視し、とくに空母の増強に乗り出していたのである。

　いま、海軍力の七割増強をめざす両洋艦隊法（一九四〇年七月）に例をとれば、戦闘艦艇二五七隻（一三五万トン）の建造内訳は空母一二、戦艦七、重巡一〇、軽巡一九、駆逐艦一六二、潜水艦四七という巨大なものであった。

　それらのエセックス級空母の数隻は、一九四〇年のうちに建造契約が発せられ、さらに数隻は一九四一年四月以降に起工されていた。同時に、多くの巡洋艦や商船に対する軽空母や護衛空母としての改造も、着々と進められていた。

両洋艦隊法による新戦艦は、砲力、操縦性および防御力において、旧式戦艦よりはるかにすぐれ、高速機動部隊として新式空母と行動をともにすることができた。

こうして、空母機動部隊は非常に強力な航空兵力と火力を備えることになるはずであったので、米国海軍は従来の水上兵力から飛躍的に航空・水上兵力へと発展することが期待された。

サンゴ海海戦（一九四二年五月）は日米最初の空母決戦であったが、空母部隊の地位、威力を決定的に肝に銘じた米国海軍は、この海戦の直後に戦艦より空母を重視し、一挙に空母一一隻の増強計画をたて、そのかわり超大戦艦五隻の建造を中止した。

こうして正規空母の新建造は真珠湾直後の二隻と両洋艦隊法による一二隻をくわえると、実に二五隻の増強である。そしてこの計画がやがて実現の暁には、太平洋の新支配力の中心となるべきものであった。

日本側が大敗を喫したミッドウェー海戦（一九四二年六月）の直後、日本海軍は作戦可能の空母四隻を有し、五隻目がまもなくこれにくわわった。

このほか日本軍は修理中、または建造中の空母を六隻もっていた。米国側は、太平洋において、作戦可能の大型空母三隻をもち、建造中をふくめれば一五隻に達していた。

米軍が総兵力をかき集めてガダルカナルに反攻したとき――一九四二年八月――第六一機動部隊は空母三、戦艦一、重巡五、軽巡一、駆逐艦一六よりなり、日本側もおなじような兵力（空母三、戦艦二、重巡四、軽巡二、駆逐艦一九）であった。

ミッドウェーの場合と同じように、その後のガダルカナルの米軍の危機を救ったのは、つねに空母機動部隊であった。

しかし、一九四二年十月までに、米国側六隻の空母は二隻に減ってしまい、このどん底をきりぬけるために、護衛空母の大拡張に必死の努力がはらわれた。一九四三年一月には、さらに四隻の空母の増強が計画された。

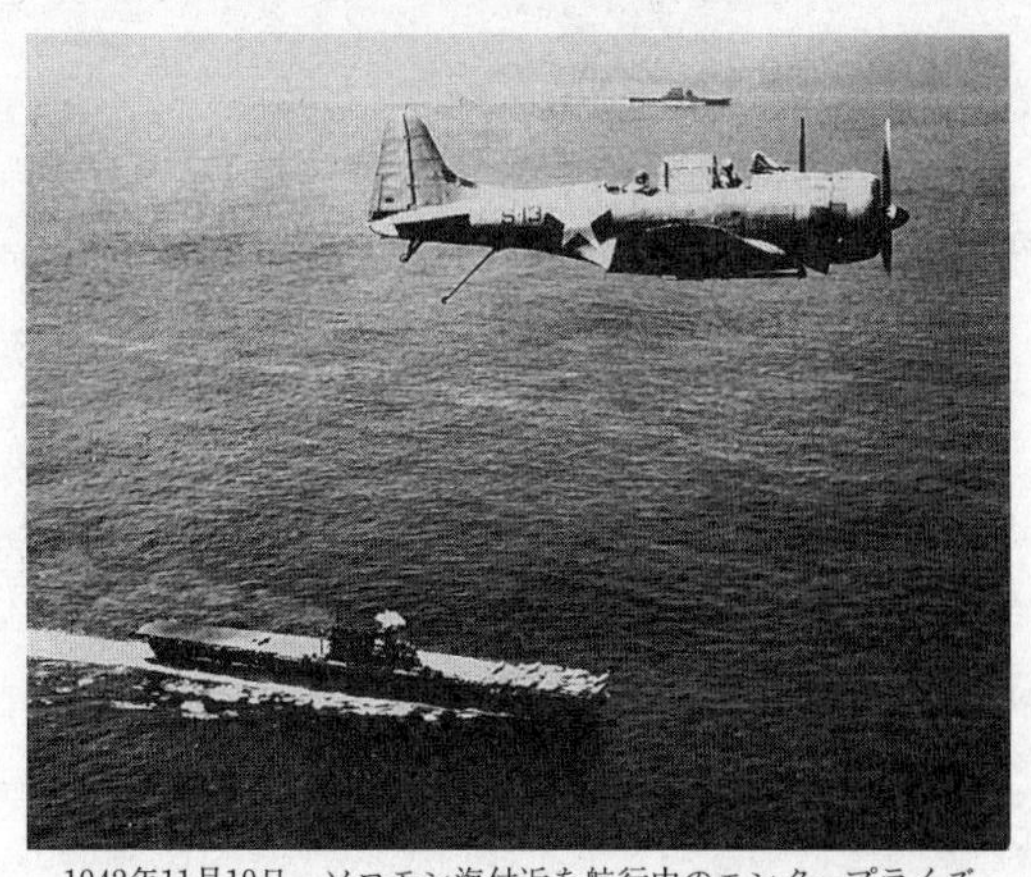

1942年11月19日、ソロモン海付近を航行中のエンタープライズ(手前)、サラトガ(後方)。ガ島をめぐる日米戦の時期である。

太平洋には奇数艦隊

一九四三年五月のワシントン戦争会議にお

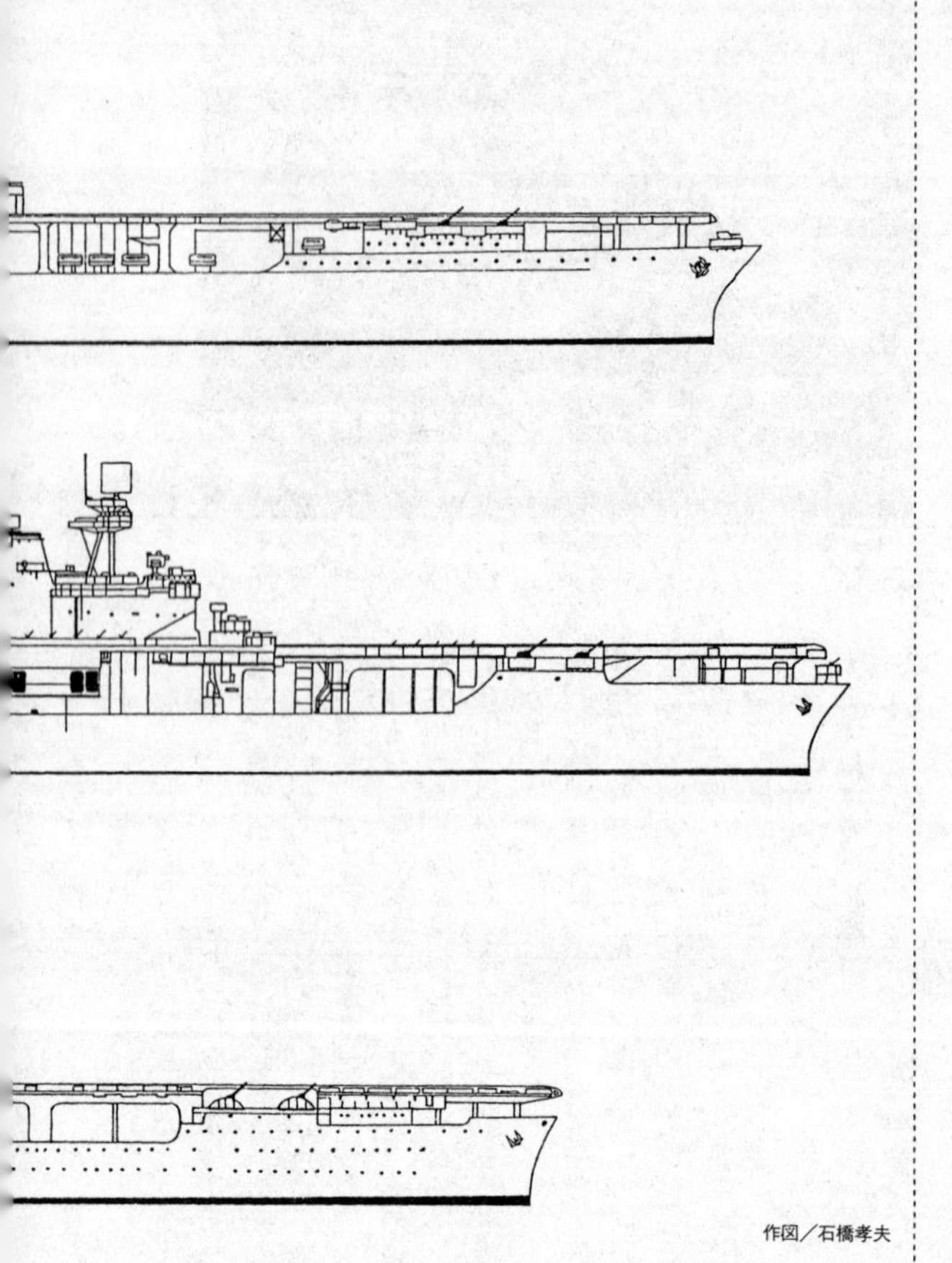

作図／石橋孝夫

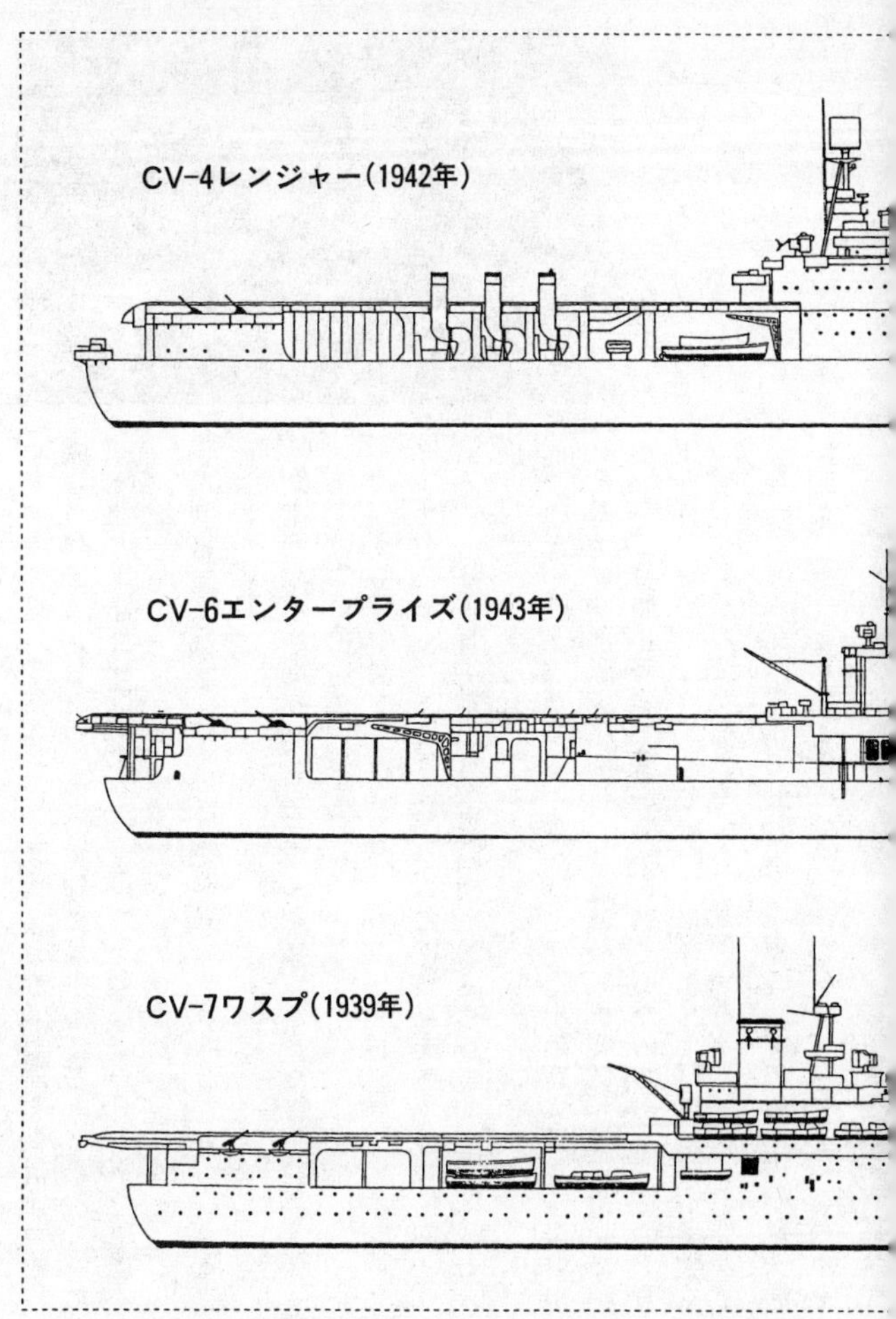
CV-4レンジャー(1942年)
CV-6エンタープライズ(1943年)
CV-7ワスプ(1939年)

ワスプ

いて、英米合同参謀本部は、次のような「日本打倒計画」を作成し、準備できしだい、その実施に着手することになっていた。

(1)北太平洋部隊は、アリューシャン列島から日本軍を駆逐する

(2)中部太平洋部隊は、真珠湾から西方に進撃する（ニミッツ・ライン）

(3)南西太平洋部隊は、ラバウルを孤立させた後、ニューギニア北岸に沿って西進する（マッカーサー・ライン）

このうち、中部太平洋進攻は、ギルバート、マーシャル、マリアナおよびパラオと進み、さらに硫黄島をへて沖縄に向かうものであり、日本本土を攻撃圏内におさめるまで、米国兵力を推進しようとするものであった。

この大作戦が成功するか否かは、建造中の新式正規空母群が日本基地航空部隊を圧倒し、基地連鎖線を突破して獲得した制空権を、持続し得るか否かにかかっていたのである。この大責任を負う空母群には新造の戦艦、巡洋艦および駆逐艦が多数くわえられるはずであった。

折しも、一九四三年の五月末、一隻の新造正規空母が真珠湾に到着した。この艦こそ二万七〇〇〇トン、三三ノットのエセ

ホーネット

ックス級の第一艦エセックスであった。起工以来ちょうど二年、新鋭空母二六隻の最初の艦がいよいよ戦列にくわわったのである。

それは米海軍にとってはもっとも士気を鼓舞する出来事であり、米国の新しい海上兵力の復活のシンボルでもあった。まもなく巡洋艦改造の一万一〇〇〇トン軽空母の第一艦インディペンデンスも姿をあらわし、毎月少なくとも二隻の新空母が、ぞくぞくと増強されることになった。

こうして、九月までに正規空母四隻と軽空母五隻が、太平洋戦線のエンタープライズおよびサラトガにくわわった。

たまたま、一九四三年三月、大西洋と地中海で作戦する米国艦隊には偶数番号を、太平洋で作戦する艦隊には奇数番号をあたえることになり、南太平洋部隊は第三艦隊、中部太平洋部隊は第五艦隊、南西太平洋部隊は第七艦隊と呼ばれることになった。

恐るべき機動艦隊の出現

こうして、一九四三年秋における中部太平洋部隊の主要戦闘力である第五艦隊の兵力は、正規空母六、軽空母五、四万五〇

CV-8ホーネット(1941年)

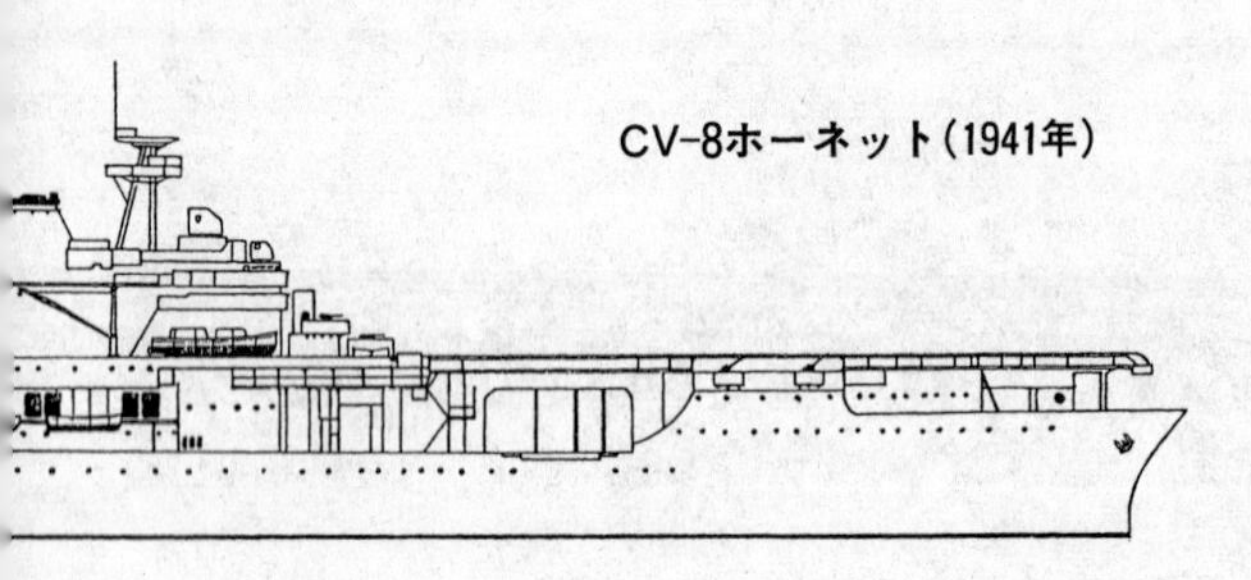

CVL-22インディペンデンス(1943年)

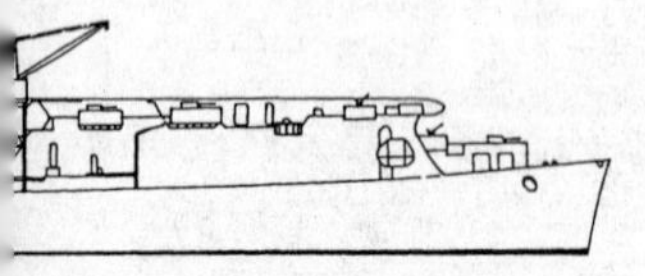

CVE-55カサブランカ(1943年)

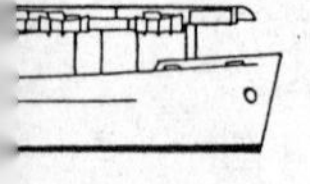

作図／石橋孝夫

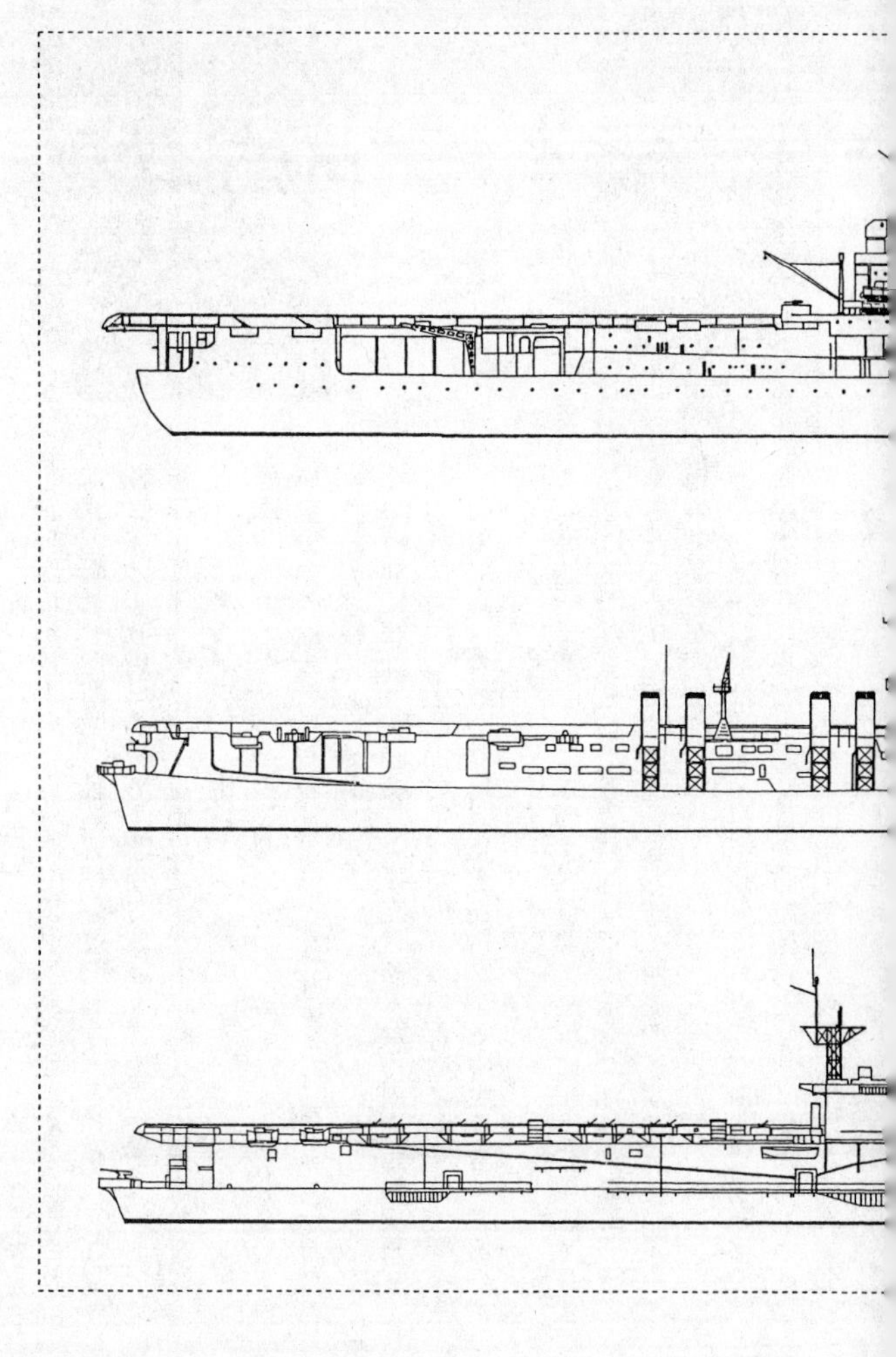

R・A・スプルーアンス中将

○○トンの新鋭戦艦五、真珠湾で損傷し、修理して近代化された旧式戦艦七、重巡九、軽巡五、駆逐艦五六、それから二九隻の輸送船と貨物船、多数の上陸用舟艇となったのである。指揮官はミッドウェー海戦以来、その卓越した指揮振りを認められたスプルーアンス中将であった。

艦隊の主力となり、その先頭に立つのは、いうまでもなく、高速空母機動部隊（はじめは第五〇任務部隊と呼ばれたが、後に第五八任務部隊となる）である。

その特別任務は、上陸拠点を孤立させるための遠距離攻撃、目標地区に対する上陸前の準備空襲、攻略部隊に対する支援、水陸両用部隊への敵の攻撃阻止と支援が、その主なものであった。

この高速空母部隊は、ふつう四群の機動群によって編成されることになった。そして各機動群は正規空母二、軽空母二、護衛艦として一〜二隻の高速戦艦、三〜四隻の巡洋艦、一二〜一五隻の駆逐艦が配されていた。

とくに高速戦艦は速力と対空砲火において、旧式戦艦と格段の相違があり、事実上、空母の防空砲台として、すばらしい威力を発揮して敵機を寄せつけず、空母の攻撃を受けた場合の弱

エセックス

点をカバーするように建造されていた。

　この機動群は恐るべき攻防力を備え、暗夜に乗じて、一晩のうちに三〇〇マイル以上も行動できる、海上の移動航空基地であった。

　そして日本側の連鎖的な基地のどんな強力な不沈空母に対しても、これを攻撃して無力化することを目的とし、その実現をひたすら待ちわびたものであった。

　一九四三年十一月、いよいよ準備なった中部太平洋横断作戦が、予定通り開始された。

　スプルーアンス提督のひきいる合計一八一隻にのぼる第五艦隊（この時はまだ中部太平洋部隊と呼ばれた）が、ギルバートめざして侵攻してきた。

　第五〇機動部隊を主力とするその兵力は空母六、軽空母五、護衛空母三、戦艦一三（新式六、旧式七）、重巡九、軽巡五、駆逐艦六八、その他七二という、大艦隊であった。

　もし、もう三週間早く——十月下旬——に米国艦隊がやってきていたら、日米両艦隊の間に、決戦が起こったかもしれない。

　しかし、この期間にラバウル救援に全力をそそいだ日本艦隊は、その航空戦力をほとんど失ってしまった。連合軍のラバウ

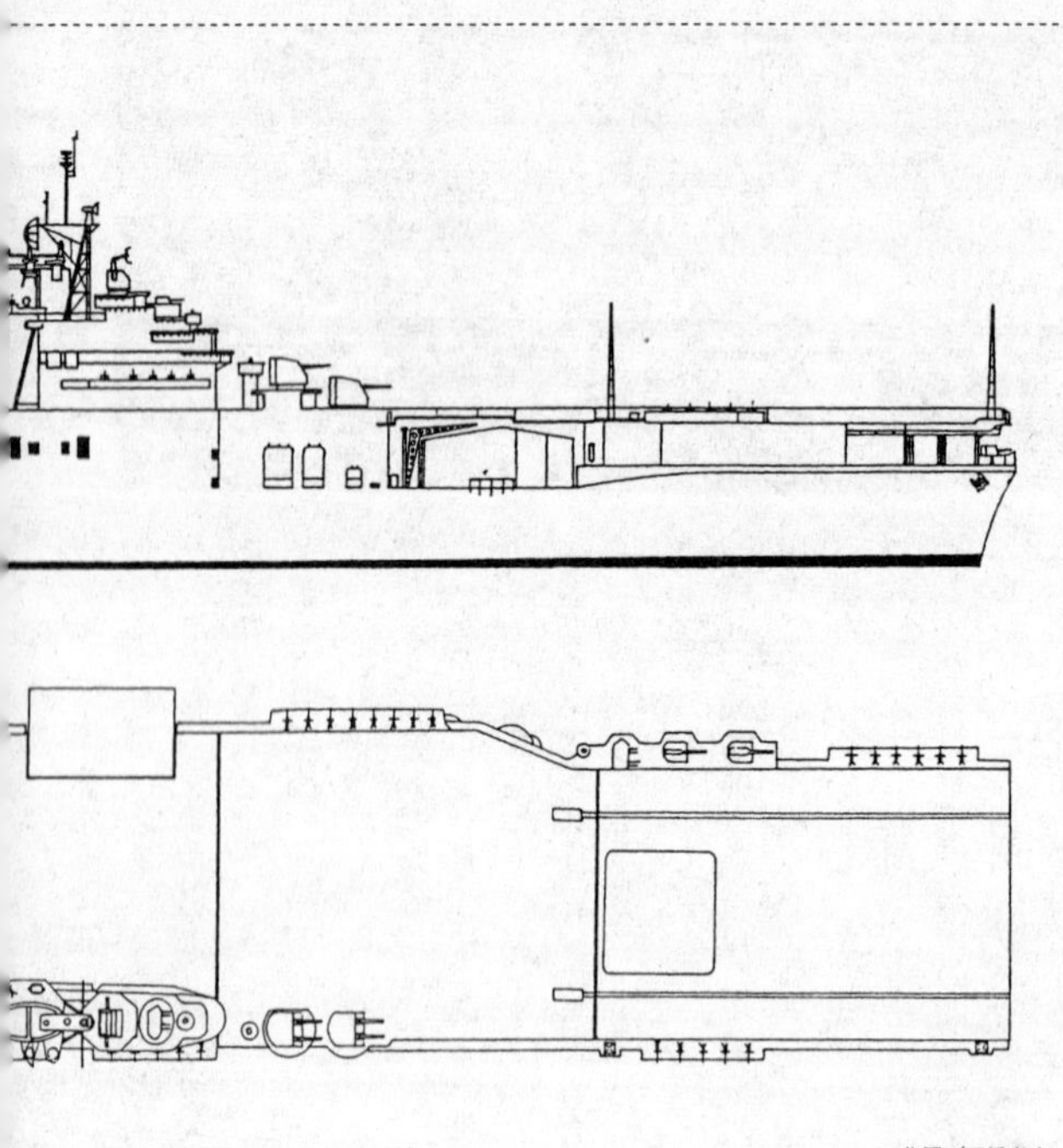

作図／石橋孝夫

ル作戦は、日本の連合艦隊を無力化して、中部太平洋部隊の進撃に挑戦できないようにするためであった。

日本側はまんまとこの手に乗り、その空母部隊はマリアナ沖海戦までその姿を海上から消してしまったのである。

試金石のトラック空襲

その後、中部太平洋進攻は一日の狂いもなく予定通り進んだ。一九四四年二月のマーシャル攻略の場合は、第五八機動部隊と改名し

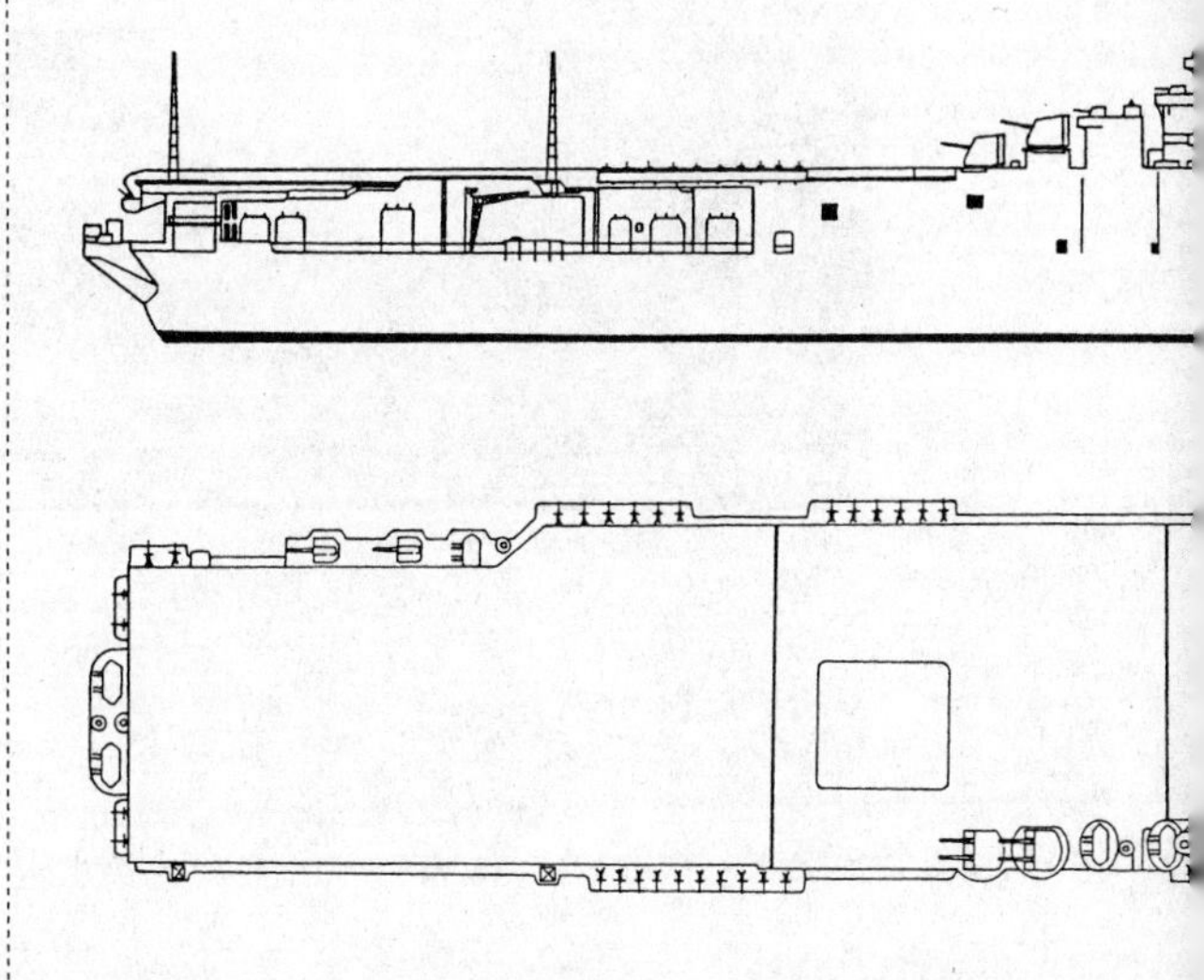

CV-9エセックス(1943年)

た空母一四隻を基幹とする計六二隻の高速空母部隊が主力となり、その全兵力は二八七隻(航空兵力一〇〇〇機)に達した。

ところで、トラックは中部太平洋における日本基地網の中心として、日本の真珠湾と呼ばれた堅陣で、米国側としてはラバウルに次いでその無力化が目標となっていた。

一方、艦隊航空兵力を消耗してしまった日本側としては、この要塞でなんとか敵の怒濤の進撃をくい止めよう

1944年２月17日、米艦載機の空襲をうけるトラック島。水上機基地なので夏島と思われる。落下中の爆弾が見える。

と、基地航空兵力の増強に死物狂いであった。すでに、一九四四年二月中旬までに、トラックには三六五機が集中され、さらに二〇〇機が準備されつつあった。

従来、航空基地に対する空母部隊の挑戦は、要塞対軍艦の戦闘のようなもので、自殺行為の代名詞と考えられていた。トラック空襲は、この意味で米機動部隊にとって一つの大きな試金石であった。

しかし、日本の強力な基地をいかにして無力化できるか、つまり、どうすれば、空母群で航空基地に勝てるか、という重要課題を解決する方法として、米国は数年を費やして高速空母戦法を開発したのであった。

一九四四年二月十七日、十八日の両日、第五八機動部隊の三群（空母九、戦艦六、重巡六、軽巡四、駆逐艦二七、潜水艦一〇）は、トラックを急襲して暁の猛攻をくわえ、所在の二〇〇機を破壊し、七〇機以上を撃破した。

さらに、港内にあった巡洋艦二と、駆逐艦四をふくむ一五隻

タイコンデロガ

の艦艇と、貨物船一九隻、給油船五隻をたちまち撃沈してしまった。

基地対空母の勝負はついたのである。

無敵のマリアナ進攻

中部太平洋進攻の米軍の最大の目標は、何といってもサイパン攻略であった。日本本土に対する遠距離攻撃の基地としても、この島の占領はぜひ必要であった。

マリアナ諸島こそは、苦心して完成した強力な高速機動部隊の最大の試練場でもあった。この攻防戦こそ、まさに太平洋戦争の天王山であった。

日本帝国の興廃をこの一戦にかけて、日本側は第一機動艦隊（日本海軍のほとんど全力）をあげて長途出動させた。空母九、戦艦五、重巡一一、軽巡二、駆逐艦三〇という南太平洋海戦以来の大兵力である。

これに対し、スプルーアンス提督の指揮するマリアナ進攻の第五艦隊は、第五八高速空母部隊だけで、空母一五隻を主力とする一〇〇隻にのぼる大兵力だった（空母一五、戦艦七、重巡八、軽巡一〇、駆六四）。艦上機は九五六機、基地機は八七九機（日

日本降服直後、東京湾をめざして航行する米海軍の第三艦隊。空母を中心とした見事な輪形陣を形成し、その巨大な戦力は世界最強を誇っていた。

本側の艦上機は四七三機）。

さらに護衛空母一四、戦艦七をふくむ攻略部隊は合計五五一隻であり、総兵力は六五〇隻にのぼった。

結果はあまりにも期待はずれだった。「マリアナの七面鳥狩り」と呼ばれたマリアナ沖海戦は、日本艦隊の大敗北に終わったのであった。

新編の日本機動部隊は、歴戦の米高速機動部隊にまるで歯が立たなかったからだ。

パイロットもろとも搭載機の九割の四〇〇機と、三隻の空母を失い、四隻の損傷というのが日本側のまねいた損失であり、一隻の敵艦も撃沈できなかったのである。

日本海軍はふたたび、出発点から艦隊航空兵力の再建に着手せざるを得なくなったが、米国の第五艦隊は太平洋の新しい支配者として、あまりにも強大になっていた。

もはや「殺戮者の群れ」と呼ばれた高速空母部隊の前に立ちはだかるものは、何物も存在しなかった。

主要寸法 (ft)				馬力	速力 (kt)	砲熕兵装 (膅径×門数)		飛行機数	竣工年	建造所
全長	船体幅	飛行甲板幅	平均吃水			高角砲 (in)	機銃 (mm)			
872	93	147.5	23	150000	33	5×12	40×68	100	1942	ニューポート・ニューズ造船所
〃	〃	〃	〃	〃	〃	〃	〃	〃	1943	〃
〃	〃	〃	〃	〃	〃	〃	〃	〃	〃	〃
〃	〃	〃	〃	〃	〃	〃	〃	〃	〃	〃
〃	〃	〃	〃	〃	〃	〃	〃	〃	1944	〃
〃	〃	〃	〃	〃	〃	〃	〃	〃	1943	ベスレヘム・スチール
〃	〃	〃	〃	〃	〃	〃	〃	〃	〃	〃
〃	〃	〃	〃	〃	〃	〃	〃	〃	〃	〃
〃	〃	〃	〃	〃	〃	〃	〃	〃	1944	ニューヨーク工廠
〃	〃	〃	〃	〃	〃	〃	〃	〃	〃	〃
888	〃	〃	〃	〃	〃	〃	40×72	〃	〃	ニューポート・ニューズ造船所
〃	〃	〃	〃	〃	〃	〃	〃	〃	〃	〃
〃	〃	〃	〃	〃	〃	〃	〃	〃	〃	ベスレヘム・スチール
〃	〃	〃	〃	〃	〃	〃	〃	〃	1944	ニューポート・ニューズ造船所
〃	〃	〃	〃	〃	〃	〃	〃	〃	1946	〃
〃	〃	〃	〃	〃	〃	〃	〃	〃	〃	ニューヨーク工廠
〃	〃	〃	〃	〃	〃	〃	〃	〃	1945	フィラデルフィア工廠
〃	〃	〃	〃	〃	〃	〃	〃	〃	〃	〃
〃	〃	〃	〃	〃	〃	〃	〃	〃	1944	ノーフォーク工廠
〃	〃	〃	〃	〃	〃	〃	〃	〃	1945	〃
〃	〃	〃	〃	〃	〃	〃	〃	〃	〃	〃
〃	〃	〃	〃	〃	〃	〃	〃	〃	1946	フィラデルフィア工廠
〃	〃	〃	〃	〃	〃	〃	〃	〃	〃	ベスレヘム・スチール
986	129	〃	22	〃	〃	5×8 3×28		80以上	〃	〃

米艦隊型空母要目

艦型	艦名	番号	排水量(t)	
			基準	満載
エセックス級（エセックス級短船体型）	エセックス	CV−9	27100	38500
	ヨークタウン(Ⅱ)	CV−10	〃	〃
	イントレピッド	CV−11	〃	〃
	ホーネット(Ⅱ)	CV−12	〃	〃
	フランクリン	CV−13	〃	〃
	レキシントン(Ⅱ)	CV−16	〃	〃
	バンカー・ヒル	CV−17	〃	〃
	ワスプ(Ⅱ)	CV−18	〃	〃
	ベニントン	CV−20	〃	〃
	ボン・ノム・リチャード	CV−31	〃	〃
タイコンデロガ級（エセックス級長船体型）	タイコンデロガ	CV−14	〃	〃
	ランドルフ	CV−15	〃	〃
	ハンコック	CV−9	〃	〃
	ボクサー	CV−21	〃	〃
	レイテ	CV−32	〃	〃
	キアサージ	CV−33	〃	〃
	アンティータム	CV−36	〃	〃
	プリンストン(Ⅱ)	CV−37	〃	〃
	シャングリラ	CV−38	〃	〃
	レイク・シャンプレイン	CV−39	〃	〃
	タラワ	CV−40	〃	〃
	バリー・フォージ	CV−45	〃	〃
	フィリピン・シー	CV−47	〃	〃
オリスカニー級（エセックス級改良型）	オリスカニー	CV−44	30800	39800

●世界の空母「飛行甲板」変遷図●

石橋孝夫

海軍艦艇のなかにあって、航空母艦は形態的にはもっとも特異なものといってよい。それは、空母特有のフラットな飛行甲板によるところが大である。

そもそも空母の発端は、第一次大戦にさいして、日英などにおいて一部の艦船に水上機を搭載したことにはじまる。つぎに陸上機をフラットな甲板より発艦させることを企図した。そしてさらに、艦の前後に別個の発艦、着艦甲板を有する空母が出現した。

しかし、中間部に上構をのこすことは、搭載機の運用に支障をきたすことは明白である。そこで、前後に全通する飛行甲板を設けた艦に発展した。この全通飛行甲板をそなえた最初の艦は、一九一八年に完成した英空母アーガスである。

鳳翔（日） 1922年 7470基準t 25kt 21機

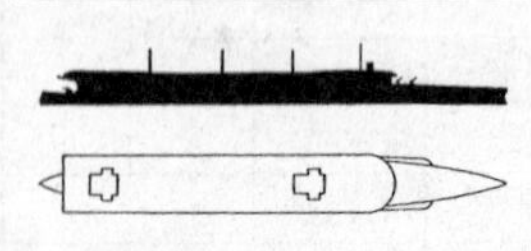

フューリアス（英） 1925年改 22450基準t 31kt 33機

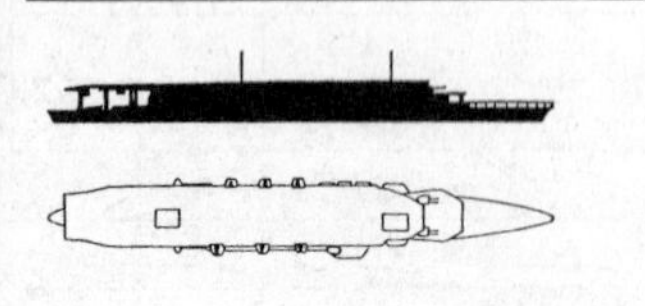

赤城（日） 1927年 26900基準t 31kt 60機

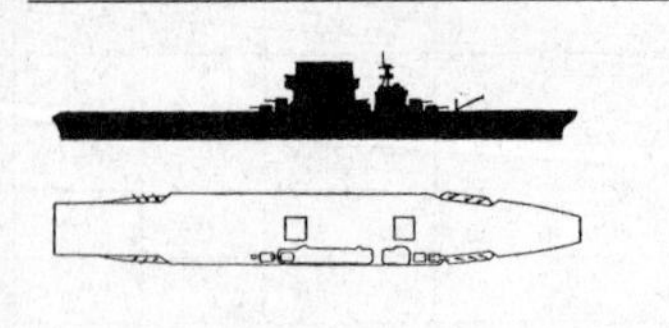

レキシントン（米） 1927年 33000基準t 33kt 90機

世界の空母「飛行甲板」変遷図

アーガスは、未成商船をベースとしたもので、艦の全長にわたってフラットな飛行甲板を設けている。艦橋などは飛行甲板下にあり、煙路も艦の後部両側部に設けられている。初期の空母にあっては、飛行甲板を完全なフラットの状態にして、発着艦の支障とならないように配慮された。煙突の配置にしても、排煙効果と着艦機への影響を考慮して、起倒式とされた。日本の「鳳翔」や米国のラングレー、レンジャーなどがそうである。

この時期、飛行甲板はフラットな水平甲板型とすべきか、艦橋構造物などを突出させた島型とすべきかで議論がさかんであった。結果は、小型艦はともかく、中型艦以上にあっては、排煙効果および操艦、砲火指揮、飛行作業指揮上からも、艦橋と煙突を一体とした島型が有利とされるにいたった。

初期には、日米英において、ワシントン条約の定めにより戦艦、巡洋艦からの改装空母が、一時期出現した。これらは、艦型も大型で、速力も大きく、艦隊用として有力なものであった。とくに日英では、その飛行甲板を前方で多段式として、運用の便をはかろうとした。

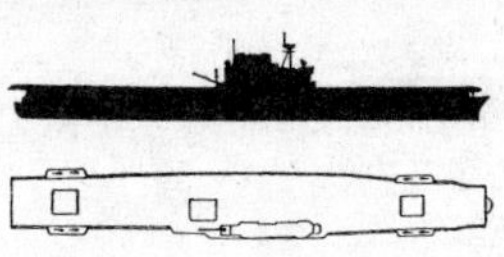

ヨークタウン（米） 1937年 19800基準t 33kt 90機

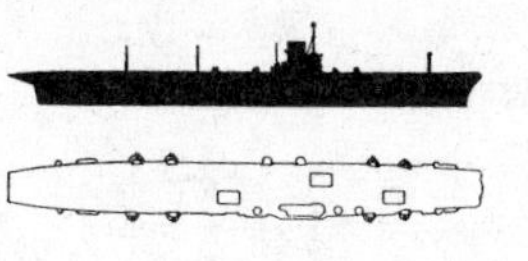

アーク・ロイヤル（英） 1938年 22000基準t 31kt 60機

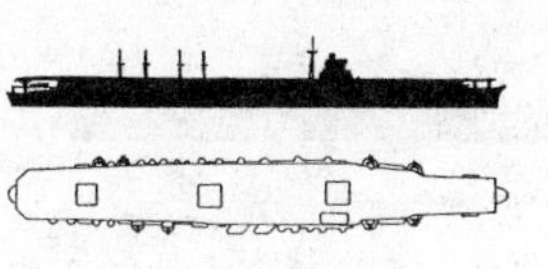

翔鶴（日） 1941年 25675基準t 34kt 84機

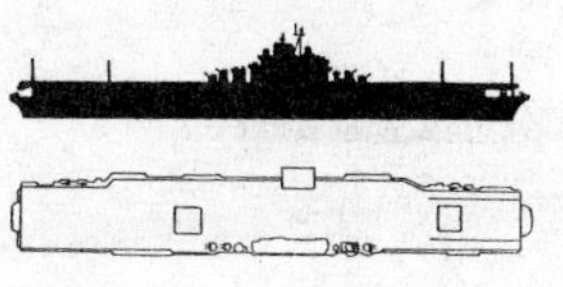

エセックス（米） 1942年 27100基準t 33kt 100機

日本の「赤城」「加賀」では三段式として、それぞれからの発艦を試みた。だが短い中、下段の使用は実用にならず、結局、全通一段の甲板型式が一般的となった。

第二次大戦前の艦隊型空母では、飛行甲板は長さ二五〇メートル前後、中央部の幅三〇メートルほどが標準とされた。これは前部の発艦部、中央部の静止部、後部の着艦部にそれぞれ八〇メートルほどを考慮したためである。エレベーターも前中後部に三基を設けている。なお、飛行甲板は極力、その長さを保つようにされ、英のアーク・ロイヤルのように、艦尾を大きく張り出した例もあった。

第二次大戦においては、米国の主力空母となったエセックス型で、はじめてサイド・エレベーターが採用された。このため、同型の日英空母より甲板面積が拡大されている。また、多数が投入された護衛空母は、全長が一五〇メートルほどの飛行甲板にもかかわらず、カタパルトの採用によって、効力を発揮している。

そのほか、日英において飛行甲板に装甲をほどこした重防御空母も出現したが、必然的に搭載機数は

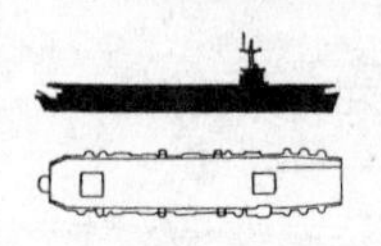

カサブランカ（米） 1943年 7800基準t 19kt 28機

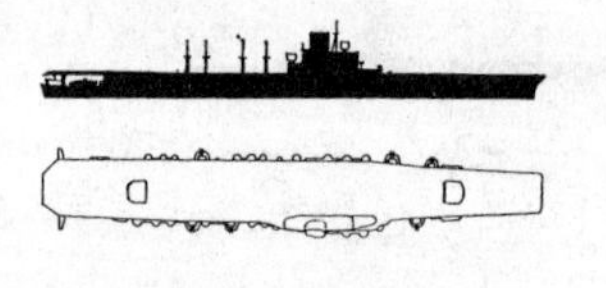

大鳳（日） 1943年 29300基準t 33kt 52機

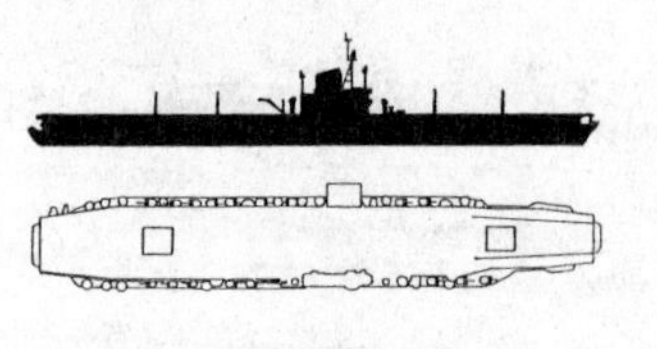

ミッドウェー（米） 1945年 45000基準t 33kt 137機

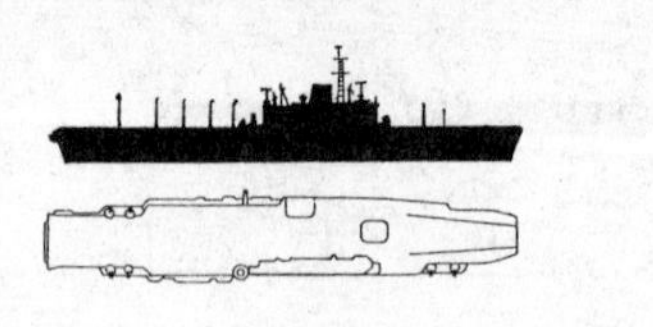

アーク・ロイヤル（英） 1955年 36800基準t 31.5kt 80機

世界の空母「飛行甲板」変遷図

全般に飛行甲板の大型化は、搭載機の大型、重量化、さらに発着艦速度の増大による。終戦直後に完成した米空母ミッドウェー型では、全長が三〇〇メートル近くに達している。これは飛行甲板の面積とともに、強度が問題となった。

戦後における最大の課題は、艦載機のジェット化である。これにより甲板面積の有効的な利用が可能となった。また、革新的なことは、アングルド・デッキ（斜甲板）の出現である。

しかし、一方では、フォレスタル型以降の米攻撃空母では、全長三二〇メートル、幅七五メートル前後と、きわめて大型化した。飛行甲板の面積も、第二次大戦型空母の三倍にも達している。とくに横幅の増大がいちじるしく、エレベーターはすべてサイド型式となった。

一九七〇年代に入って、VTOL機とヘリを搭載する新しいタイプの空母が出現した。ソ連のキエフ型などがそれで、上構は巨大なものとなり、飛行甲板の運用もかなりちがったものになっている。

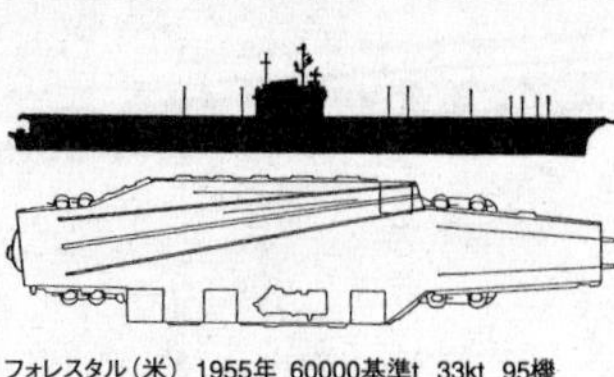

フォレスタル（米）1955年 60000基準t 33kt 95機

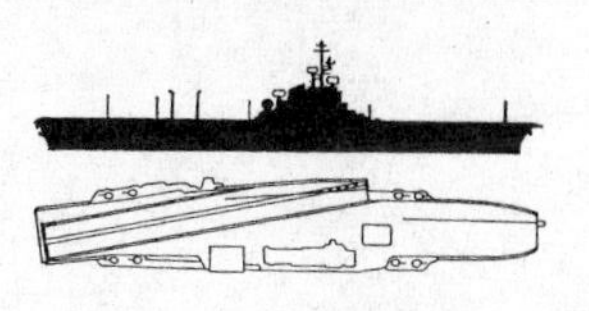

クレマンソー（仏）1961年 27307常備t 32kt 40機

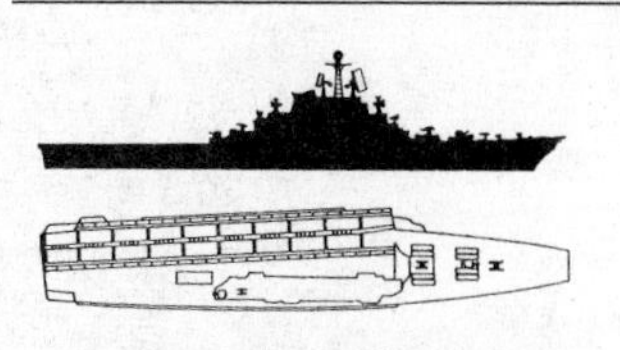

キエフ（ソ）1975年 32000基準t 32kt 35機

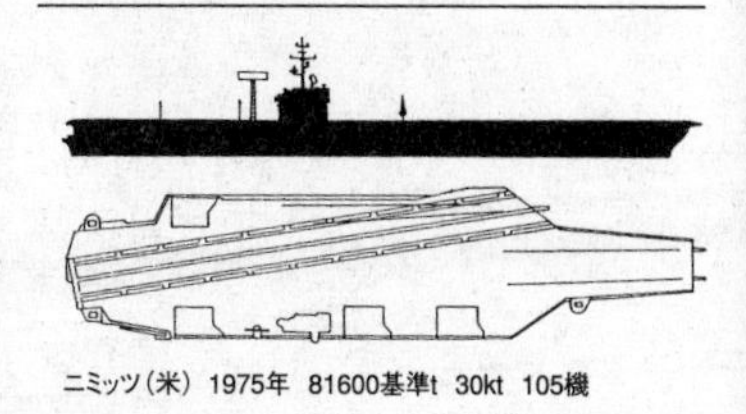

ニミッツ（米）1975年 81600基準t 30kt 105機

シミュレーション
戦艦「大和」運用法

第1章
3

中川　務

■伝説の〝艦〟が真価を発揮する時――

その比類なき力を効果的に運用するための機動部隊旗艦案

考えて見ると、世界の戦艦のなかでも「大和」型ほど戦運に恵まれなかった艦はいない。軍縮条約脱退後の日本海軍の期待を一身に背負い、戦艦史上、もっとも強力な四六センチ砲を搭載しながら竣工した時、すでに大艦巨砲の時代は過ぎ去っていて、「大和」「武蔵」とも敵戦艦に一発の主砲弾を放つことなく艦載機の雷爆撃に曝されて沈没した。最後まで真価を発揮することのなかった「大和」型の悲運を悼むとともに、その威力を存分に生かせる機会は、本当になかったものかという思いは、軍艦ファンに共通するものであろう。

そのような観点から「大和」型の一番艦「大和」について当時の戦況と照応しながら、もっとも有効な用法を探って行きたい。

空母の直衛になった戦艦

最初に検討しなければならないのは、「大和」が竣工したころの各国戦艦の使用方法、特に空母機動部隊直衛艦としての用法である。

ふりかえって見ると、第二次大戦初期から高速戦艦が空母と連繋して機動部隊を編成した例は数多い。昭和十五年六月、ノルウェー沖で戦艦の掩護を受けずに行動中の空母グローリアスをドイツ巡洋戦艦に撃沈された英海軍は、ほとんど同時に巡洋戦艦フッドと空母アーク・ロイヤルを基幹とするH部隊を編成した。これが高速戦艦と空母が連繋した最初の例で、昭和十六年五月のドイツ戦艦ビスマルク追撃戦では、H部隊のほかに新型戦艦キング・ジョージ五世が空母ヴィクトリアスとコンビを組んで活躍している。

同様に米国海軍でも十七年三月、新型戦艦ワシントンが空母ワスプと第三九機動部隊を編成して大西洋で作戦するなど、巡洋戦艦や軍縮条約明け後に建造された速力二八ノット程度の新型戦艦を空母の直衛に当てる傾向が次第に顕著になる。

日本海軍がハワイ作戦に際して「赤城」以下の空母群と「金剛」型戦艦を主軸とする南雲部隊を編成したのも、その一例で、空母に随伴可能な行動力を有する戦艦を機動部隊の有力な構成要素に取り入れるのは、「大和」が竣工した当時、すでに普遍化した用法だった。

昭和17年3月30日、インド洋上の機動部隊。「金剛」型戦艦4隻が見える。

機動部隊直衛艦として

それでは、空母機動部隊直衛艦として「大和」はどのような資質を持っていたのだろう。

本来、強兵装、重防御の中速戦艦として設計された本艦の最高速力二七ノットは、真先に機動部隊に編入された「金剛」型の三〇ノットよりかなり見劣りするが、それでも米英の新型戦艦より一ノット程度、低いだけで、当時の南雲部隊の空母に「加賀」（速力二八・三ノット）が含まれていたことを勘案すると、機動部隊に随伴可能な必要最低限の条件を満たしていたといえよう。また航続力も「金剛」型の一八ノットで九八〇〇海里におよばないものの、一六ノットで七二〇〇カイリに達し、機動部隊の長期行動に耐えうる行動力を持っていた。

これは、米旧式戦艦との対戦を予期して速力を二五ノット内外に揃えた「長門」型〜「扶桑」型の既成戦艦と一線を画するもので、昭和十六年末、日本海軍が保有していた一一隻の戦艦のうち、「金剛」型に続いて「大和」がもっとも空母機動部隊に適する性能を持っていたのである。

阻まれた南雲部隊への編入

以上のような、大戦初期の各国新型戦艦の用法と「大和」の行動力を考慮すると、本艦の機動部隊編入が至当だったことにもかかわらず、現実の「大和」は、大戦後期まで柱島またはトラックに碇泊して虚しい日々を送った。

戦局が決定的になる昭和十九年中期までの間、本艦が出撃したのは十七年六月のミッドウェー作戦と十八年十月のマーシャル群島での待敵行動のみで、いずれも敵と接触していない。この不可解な用法……世界最強の戦艦を長期間、後方基地に縛りつけていた理由は一体何だったのだろうか。

回顧するまでもなくその最大の原因が、日本海軍の頑なまでの戦艦中心主義にあったのは明瞭である。開戦前から昭和十八年五月まで軍令部第一部長の要職にあった福留繁少将は戦後の著書で『多年戦艦中心の艦隊訓練に没頭して来た頭を転換出来ず、南雲機動部隊がハワイ攻撃の偉功を奏した後もなお、機動部隊は補助作戦に任ずべきもので艦隊決戦の主力は、大艦巨砲を中心にすべきものと考えていた』と述べているが、同少将が、その後、連合艦隊参謀長に転じている点からも、これが当時の海軍の主流を占める考えだったことに間違いない。

昭和17年夏、戦場に登場した戦艦ワシントン。12.7センチ砲20門を装備、機動部隊の護衛として強力な防空火網を展張した。

このような思想を持つ首脳部に対して、仮に「大和」の南雲部隊編入を提案しても『来るべき艦隊決戦の切り札となる貴重きわまりない本艦を補助兵力の機動部隊等に軽々しく編入して万一のことがあれば取り返しがつかない。提案者は四六センチ砲搭載の「大和」を一体何と考えているのか』と一蹴されたに違いない。作戦の中枢にある軍令部第一部長がこのように考えている以上、「大和」の柔軟な用法など、検討されようはずもない。

ところが何ぞ計らん、同少将が艦隊決戦の好敵手と想定していた米新型戦艦は、ノース・カロライナが昭和十七年六月、ワシントンが同年八月、サウス・ダコタが九月、続々と太平洋方面の機動部隊に編入されて空母の側翼を固める配置についていた。「金剛」型を南雲部隊に編入した時点で英米に伍していた日本海軍も、「大和」に関しては徹底して頑迷で時代後れだったのである。

このように頑固な戦艦中心主義の上に、連合艦隊司令長官はつねに最新鋭艦に座乗して艦隊の指揮を採るという従来の伝統を踏襲した結果、「大和」は、昭和十七年二月、連合艦隊旗艦となり、文字通り日本海軍の象徴的存在になってしまう。しかし、海軍首脳部が戦艦部隊にかけた期待と裏腹に開戦初頭の進攻作戦の中心になったのは南雲部隊の空母群で、「大和」が麾下の戦艦部隊を率いて出撃する状況など、発生しそうもない。そればかりでなく太平洋全域に拡大した海上作戦を指揮する連合艦隊旗艦の立場上、厳重な無線封止を前提とする最前線への出動を極力避けねばならなかった。

この時期の「大和」は、明治以来、日本海軍が標傍して来た『旗艦先頭』の伝統と近代戦に必要な『全般作戦指導』の狭間に悩みながら、戦線のはるか後方で作戦指揮艦としての役割を強要されていたといえよう。

これらの事情を考察すると、連合艦隊旗艦としての「大和」がいかに厚い伝統の壁に閉じ込められ、矛盾に満ちた存在であったかが理解できる。したがって、その壁を打ち破って本艦を南雲部隊に編入するという決断がなされた場合、それは、同時に日本海軍の戦艦に対する価値観の崩壊と戦術思想の決定的変革をもたらさずにはおかなかったのである。

具体的に述べるならば、かつて日本海軍の力のシンボルだった「長門」型から「扶桑」型までの旧式戦艦六隻は、一挙に第二線化して第一艦隊の解体が促進されたであろうし、「大和」を放出した連合艦隊司令部は、戦術上の価値が低下した「長門」を旗艦とする必要性が消失して、通信設備が完備した陸上に移転せざるを得なかったはずである。

単に個艦としての「大和」の戦力が南雲部隊に付加される以上に、本艦の機動部隊投入によって生じる強烈なショックが日本海軍の戦艦至上主義を打破し、連合艦隊司令部の陸上移転をうながして作戦指導に柔軟性を与えたであろう副次的効果を特に強調したい。

「大和」機動部隊旗艦となる

それでは、一新した戦術思想の下で新造早々、南雲部隊に編入された「大和」の軌跡を追って見たい。

現実の本艦は、昭和十六年十二月十六日に竣工したが、その後、慣熟訓練を重ね翌十七年二月十二日、連合艦隊旗艦となった。したがって、想定上の「大和」は、この日、作戦可能の状態になったものと見なし、ただちに柱島を出撃して南方に向かったと仮定しよう。

当時の南雲部隊は、ポートダーウィンを攻撃し、二月二十一日、スターリング湾に帰投しているから、「大和」は、ここではじめて空母群と合同したはずである。紺碧の湾内に浮かぶ新戦艦の威容は、歴戦の機動部隊将兵の士気をいやがうえにも鼓舞し、南雲部隊が名実ともに日本海軍の主力であることを自覚させたことであろう。

翌二月二十二日、南雲長官以下、第一航空艦隊司令部は、「赤城」から「大和」に移動する。第二次大戦の実例を見ると空母と戦艦が結合した機動部隊では南太平洋海戦時、「翔鶴」を旗艦とした南雲長官、マリアナ沖海戦で「大鳳」に将旗を掲げた小沢長官のように航空戦の指揮を考慮して空母を旗艦に定めるケースが圧倒的に多い。しかし、南雲部隊のよう

戦艦「武蔵」の前檣楼左舷側の対空火器群。爆風除けのシールドを装着した25ミリ3連装機銃と12.7センチ連装高角砲、110センチ探照灯が見える。

に運用する空母が六隻の多数に達した場合、たとえ司令部が「赤城」に乗艦していても全航空部隊を直接掌握することは到底望めない。

しかも、連合艦隊旗艦として建造された「大和」は、「赤城」より、はるかに充実した通信機器や作戦室等の司令部施設を備えていた。無線空中線の装備位置を比較しても「大和」は、水面上、三五メートルの高さにあって「赤城」より約二メートル高く、それだけ遠距離の電波を確実に捕捉できる。この得失を考慮すれば、艦隊の頭脳である司令部を優れた情報処理能力を持つ「大和」に移動するのがもっとも合理的な選択だったはずである。

さらにつけ加えるならば、この時、敵信傍受班も司令部とともに「赤城」から「大和」に移動し、優秀な施設内で敵艦隊の動静把握に努めたことはいうまでもない。

以上の経緯から南雲忠一中将の将旗を掲げた「大和」は、空母群を率いて二月二十五日、スターリング湾を出撃してジャワ島南方の敵艦船を攻撃し、いったん、同湾に帰って補給整備をおこなった後、三月二十六日、英極東艦隊を求めてインド洋に向かう。この時の南雲部隊の兵力は次の通りだった。
空母 「赤城」「飛龍」「蒼龍」「翔鶴」「瑞鶴」
戦艦 「大和」「金剛」「比叡」「榛名」「霧島」
重巡 「利根」「筑摩」
軽巡 「阿武隈」
駆逐艦 甲型八隻

理想の空母艦隊の防空力

ここで「大和」を含む南雲部隊の防空力について触れておきたい。やがて生起するミッドウェー海戦の結果からもあきらかなように、空母機動部隊の最大の脅威は命中率の高い艦爆で、同海戦の実績によると四四〇〇~五八〇〇メートルの高度で空母上空に接近し七〇〇メートル付近まで急降下して爆弾を投下している。これを阻止するには最大仰角が九〇度に達し発射速度が高く命中精度の良好な対空砲が必要だが、各艦の対空能力はどの程度のものだったのだろう。

空母群の外周を防御する水雷戦隊について見ると、一四センチ砲平射砲を搭載するのみの旗艦「阿武隈」の防空力は論外として、麾下の甲型駆逐艦が搭載していた五〇口径三年式一二・七センチC型砲四八門は、最大仰角五五度、実用発射速度四発/分で命中精度が悪く、艦爆の阻止に無力だった。

また、水雷戦隊の各艦だけでなく戦艦や空母まで近接対空火器として広く装備していた九六式二五ミリ機銃は、標準対空戦闘距離が三〇〇〇メートルに過ぎないうえ、射程が一〇〇〇メートルを超えると弾道が低落する欠陥があったため、急降下中の艦爆に有効な射撃を加えるのが困難だった。

したがって軽巡と駆逐艦は艦爆の攻撃に対してほとんど無力であり、重巡以上の大型艦に搭載している四〇口径八九式一二・七センチ高角砲（最大仰角九〇度、発射速度一四発／分、標準対空戦闘距離一万メートル）に頼るところが大きかった。なお、蛇足ながら空母群のうち「赤城」のみが搭載していた四五口径一二センチ高角砲（最大仰角七五度、発射速度一一発／分）は、データが示す通り艦爆に対する適応力が一二・七センチ高角砲よりかなり低い。

順番に評価して行くと結局、インド洋作戦時の南雲部隊の対空火力の主力を構成したのは一二・七センチ高角砲一一六門で、そのうち空母に搭載している五六門は、自艦の防御専用にあてられるから、随時、任意の艦を掩護できる直衛艦の搭載分は六〇門に過ぎない。そのように分析すると「大和」が搭載している五メートル高角測距儀および九四式高射装置と連動した一二・七センチ高角砲一二門の比重は非常に高いものがある。「大和」は、主砲のみでなく防空面でも南雲部隊にとって力強い存在であった。

英極東艦隊の撃滅

インド洋に入った南雲部隊は、四月五日、コロンボを、九日、トリンコマリーを攻撃し、英空母ハーミス、重巡コーンウォール、ドーセットシャー等を撃沈する戦果を上げた。

これに対して、情報に基づきいち早く洋上に待機していたソマーヴィル大将直率の英極東

昭和17年４月９日、急降下爆撃によって沈みゆく英空母ハーミス。インド洋作戦における艦爆隊の活躍はめざましく、驚異的な命中率を発揮した。

艦隊主力（空母インドミダブル、フォーミダブル、戦艦ウォースパイト、レゾリューション、ラミリーズ、ロイヤル・サブリン、リヴェンジ等）は、偵察機によって南雲部隊を捕捉し、セイロン島西方から夜間攻撃の機会を窺っていたが、わが索敵機は、英艦隊を発見できず、戦勢はミッドウェー海戦に類似した状況を呈していた。

この対勢は、その後の偵察で劣勢を悟った英艦隊がモルジブ諸島に後退し、南雲部隊も回避行動をとったため、衝突にはいたらなかったけれども、四月五日夜、両艦隊は一時、二〇〇カイリまで接近して一触即発の状態にあった。

「大和」を編入した南雲部隊がもう少し強気の接敵行動を取っていたなら、英艦隊の先制攻撃で戦闘が開始されていたであろうし、優れた通信性能を持つ「大和」の敵信班が英艦隊の無電を捕捉した可能性もあり得る。

前者の場合、先制攻撃を受けた南雲部隊に損害が出たとしても搭載機三五〇機を擁するわが機動部隊に対して搭載機八〇機以下（推定）に過ぎない英艦隊の劣勢はあきらかである。いずれのケースにせよ圧倒的な航空優勢で、まず英空母二隻を撃破した南雲部隊は、退却する英戦艦部隊を捕捉し、「金剛」型四隻が高速を利して敵の前程を圧迫した上、「大和」の砲撃で止めを刺す。

ウォースパイト以下の英戦艦が搭載していた三八センチ砲の最大射程三万六八〇メートルに対して「大和」の四六センチ砲の最大射程は三万八四〇〇メートル、「金剛」型の三六センチ砲でも三万五四五〇メートルの遠距離に到達する上、速力の点でもわが戦艦群は、英艦隊より四～七ノット優速だったから戦闘距離の選択は、日本側が完全に握っている。

しかも制空権を失った英艦隊の遠距離射撃が正確を欠くのに対して観測機で弾着を修正しながら発射する「大和」の主砲弾は、着実に英戦艦を撃破していったに違いない。第一次大戦中と第二次大戦前に設計された軍艦の格差、三八センチ砲と四六センチ砲の威力の違いが非情なまでに現われて砲戦の結果は、全く一方的なものに終わったであろう。この戦闘こそ制空権下の艦隊決戦を目標に設計された「大和」が真価を発揮し得た唯一の機会だったと思われる。

もし本海戦が現実に起こり英極東艦隊が破滅した場合、英国は、インド洋の制海権を完全に喪失し、アラビア半島からアフリカ西岸にいたる広い地域が無防備の状態に陥ってしまったであろう。当時、アフリカ北部でドイツのロンメル軍が大攻撃を開始していた情勢を勘案すると連合軍の衝撃は計り知れないものがあり、大戦全体の推移に深刻な影響をおよぼしたことは想像に難くない。

次なるミッドウェーに

昭和十七年四月二十二日、初陣で大戦果を収めた「大和」は、登舷礼式を受けながら呉に帰投し、呉工廠に入渠、整備を行なった。当時の戦術思想と技術水準から見て高角砲の増備と開発中の対空電探の搭載は、望めないにせよ、戦訓に基づき機銃兵装を強化する程度の改正を実施したことであろう。

次の目標は、ミッドウェー島の攻略と米空母部隊撃滅の二兎を追う困難な作戦である。五月二十七日、南雲部隊は、次のような編制で粛々と柱島を出撃した。

空母「赤城」「加賀」「蒼龍」「飛龍」
戦艦「大和」「榛名」「霧島」
重巡「利根」「筑摩」
軽巡「長良」
駆逐艦　甲型一二隻

インド洋作戦時と比較すると「金剛」型戦艦二隻が攻略部隊に転用された結果、直衛艦の一二・七センチ高角砲の装備数は四四門に減少してしまった。その反面、駆逐艦の隻数が増加しているが、搭載している一二・七センチ砲が艦爆の阻止に効果が薄いのは前述の通りである。「大和」の対空火力が、手薄になった機動部隊の防空に、さらに重要性を増すことになる。

ここで、現実と仮想の世界では、きわめて重要な違いが生じる。現実では南雲部隊の後方約六〇〇カイリを続航している山本長官直率の第一艦隊の戦艦群は、仮想のなかでは存在しない。「大和」が南雲部隊旗艦として行動している状況下で連合艦隊司令部が第二線戦力に転落した戦艦部隊に乗艦して後続する理由は、全くなかった。すでに述べたように「大和」の放出とともに連合艦隊司令部は、陸上に移動し、はるか離れた内地にあって作戦の全般指揮に任じていたはずなのだから……。

この時、米海軍は、暗号解読によって、わが作戦計画を察知し、ヨークタウン、ホーネットの二空母に珊瑚海海戦で損傷後、緊急修理したエンタープライズを加え、三群の機動部隊をミッドウェー島東方に配備していた。情報の不足から敵機動部隊の存在を知らない南雲部隊は刻一刻と破滅に近づいて行く。

しかし、史実を回顧すると、南雲部隊が米空母の動静を知る機会が絶無だったわけではない。関係者の回想を総合すると、おそらく海戦前々日の六月三日、連合艦隊旗艦「大和」は、東京の大本営から『敵機動部隊がミッドウェー方面で行動を起こした兆候がある』との情報を受信した。この報告を受けた山本長官は『南雲部隊司令部に知らせる必要はないか』と意見を述べたが、幕僚たちは、受信した電文の宛名に南雲部隊の名も入っているから「赤城」もこの情報を当然、キャッチしているはずだし、今ここで無線封止を破ると敵にわが方の企図を暴露する恐れがあると発信に反対したため、この情報を重ねて南雲部隊に知らさなかった。

けれども、山本長官が危惧した通り、「赤城」は、この重要な情報を受信していなかった。同艦の無線能力が低かったためなのか、それとも不用意に受信を漏らしてしまったのか、いずれにせよ実に致命的な戦務作業の手落ちであり、この点について戦後『後方から第一艦隊がついて来るというので南雲部隊が（特に敵信の傍受について）緊張を欠いていなかったとは断言出来ない』という手厳しい批評があるのも事実である。

当時、連合艦隊首席参謀だった黒島亀人大佐は、「赤城」に情報を送らなかった件について後に『私の生涯での大きな失策の一つである』と反省の言葉を述べているが、より多角的に見るならば、連合艦隊司令部が戦艦部隊に乗艦して無線が自由に使えない戦場に進出した点にこそ問題の核心がある。

依然として海上戦闘の中心だと信じた戦艦部隊に座乗して作戦に参加したために麾下に指示を自由に出せず、といって南雲部隊の直掩もできない最悪の位置を占めてしまった連合艦隊司令部……そこには『旗艦先頭』と「無線封止」の狭間に陥没してしまった指揮機能の麻痺が見られる。ミッドウェー海戦の本当の敗因は、大艦巨砲主義と伝統に固執して最

昭和18年5月初旬、トラック泊地に碇泊中の「大和」(左)「武蔵」(右)。激化するガ島戦をよそに、トラックから動かなかった。

新鋭戦艦を連合艦隊旗艦と定め、それを前線に進出させた日本海軍の「大和」の用法そのものにあったと言うべきである。

勝敗を左右した通信能力

ここで再び仮想の世界に戻ろう。

六月三日、霧のなかを進む南雲部隊旗艦「大和」の通信室は、内地の連合艦隊司令部が発信した『米空母に関する情報』を確実にキャッチする。それだけではない。現実の世界の「大和」より六〇〇カイリも敵に近い位置にあった本艦の敵信傍受班は、直接、米機動部隊の無線を捕捉していた可能性すらある。『やはり米空母が出て来ている』ただちに「大和」の作戦室で緊急会議が開かれ、各航空戦隊旗艦には霧の合間を利用して手旗または信号探照灯により情報が伝えられる。このようにして一層厳重な警戒下、艦隊は、ミッドウェーに向かって進撃を続けたであろう。

南雲部隊がこの態勢で六月五日、ミッドウェー海戦を迎えていたなら戦闘は、全く違った展開を見せたはずである。たとえ四日以降の敵の位置が不明であっても『敵機動部隊がミッドウェー付近に行動中らしい』という情報を基にした当日早朝の索敵は、史実のように敵空母がいないだろうという安易な予測に基づく一段索敵ではなく、本作戦前、連合艦隊司令部が指示した通り増槽付艦攻一〇機を主体にした入念な二段索敵であったことは間違いあるまい。まして敵機動部隊がいると思われる索敵では、各偵察員の気構えまで一変してしまう。

ミッドウェー海戦時の索敵を熱心に研究されている戸沢力氏の判断によると、日の出時に想定捜索海域に到達するよう南雲部隊を発進した黎明第一次索敵機は、午前五時十分～三十分（現地時間）、米空母三隻を発見している可能性が大きい。いっぽう、米索敵機（カタリナ飛行艇）が南雲部隊を発見したのが午前五時二十分だから、両軍はほぼ同時に敵を発見したことになる。

昭和20年4月7日、午後2時23分、大艦巨砲の終焉となった戦艦「大和」の沈没。のべ386機におよぶ空母機の攻撃を浴びた。

史実のなかの南雲艦隊司令部は、索敵機の報告を待たず午前五時二十分、『敵情特ニ変化ナケレバ第二次攻撃ハ第四編制ヲ以テ本日実施ノ予定』（ミッドウェー再攻撃を意味する予令）の信号を発し、艦攻の兵装を魚雷から爆弾に転換し始めているが、「大和」の情報把握によって米機動部隊の出現を予期していた場合、当然兵装の転換に慎重を期したはずであり、索敵機の「敵空母発見」の報告を得ると同時に詳細位置確認のため、まず高速艦偵を発艦し、続いて雷装のまま待機していた艦攻隊を含む第二次攻撃隊を目標に向かって発進させたに違いない。

その後の経過は、本稿から逸脱するので省略するが、海戦の結果は、史実のような一方的敗北でなく悪くとも相討ちか、または術力の優れた南雲部隊の勝利に終わり、ミッドウェー攻略と米空母部隊撃滅の作戦目的が達成された公算が高い。

無論、わが空母部隊も米艦爆の攻撃を受けて被弾する艦が出たであろうが、「大和」の対空砲火が空母を掩護し、その巨体が飛来する艦爆の幾許かを吸収したであろうことは疑いない。

六月十日、ミッドウェー攻略を断念して内地に帰航する史実上の連合艦隊旗艦「大和」の艦上には、戦いに破れた南雲部隊の参謀長草鹿龍之介少将や航空参謀源田実中佐等の憔悴した姿があった。海戦の間、後方に位置していた「大和」は、無傷のままで当日、防暑服に変更した乗員が涼しげに勤務についているが、開戦以来、戦局の主導権を握り縦横の活躍をした主力空母四隻と熟練の搭乗員の姿は今やなく、戦争の前途は暗澹としている。

これにくらべると、同様に内地に向け帰投中の想定上の南雲部隊旗艦「大和」の艦上には各所に被爆の跡が残り、後檣の中将旗も爆煙に汚れて見える。けれども麾下空母の大半は健全であり、米機動部隊を撃滅した現在、太平洋の制海権は、完全にわが手に帰した。傷つきはしたけれども次期作戦に向かって将兵の意気は、軒昂としたものがあったろう。

「大和」かくありせば

以上が、結果論として考えられる「大和」のもっとも効果的な用法である。本艦の特色は、いうまでもなく世界無比の四六センチ砲の威力にあるが、同時に優秀な装備を持つ最新鋭艦であり、特に対空兵装と通信兵装は、従来の戦艦より格段に優秀だったことを忘れてはならない。いたずらに温存するのではなく海上作戦の主体である空母機動部隊に編入して、その特性を最大限に引き出すことこそ「大和」のベストの用法であり、これは米英海軍の実情と比較しても決して飛躍した発想ではなかった。

しかし、現実の「大和」は、連合艦隊旗艦として目に見えぬ厚い壁のなかに閉じ込められていた。本艦を柱島泊地から解放するには、まず日本海軍の中枢に根強く残っていた戦艦至上主義とそれに根ざす最新鋭戦艦即連合艦隊旗艦の伝統の二重の軛を断ち切る必要があった。その観点に立つと「大和」の南雲部隊編入は、取りもなおさず、わが海軍の戦術思想の決定的変革と連合艦隊司令部と戦艦の離別を意味するものだったことが理解できる。「大和」の新しい用法、すなわち空母機動部隊編入こそ日本海軍改革のカギであった。

もしも「大和」の南雲部隊旗艦が実現していたならば……冒頭に掲げたように『「大和」かくありせば』……太平洋戦争前期の戦局は、全く異なる様相を呈していたに違いない。

●世界の戦艦「主砲配備」識別図●

石橋孝夫

近代戦艦の歴史は、英海軍を代表例とすれば、一八九五年に竣工したマジェスチック型を基本として発展したといってよい。すなわち本型に装備された一二インチ（三〇・五センチ）砲が以後、しばらくのあいだ各国戦艦の標準的な主砲として、連装砲二基を前後にわけて配置するのが一つの基本型であった。

一九〇六年に出現した英戦艦ドレッドノートは、これらのそれまでの戦艦に、一夜にして旧式艦のレッテルをはりつけた画期的な戦艦として著名であるが、主砲に関しては、それまでとおなじ一二インチ砲で、ただ搭載数を大幅に増大し、連装五基を装備して、いわゆる砲火の集中による攻撃力の増大をくわだてたものであった。

このドレッドノート時代に自国でド級艦を建造した国はイギリスのほかに九ヵ国、さらに外

マジェスチック型（1895・イギリス）

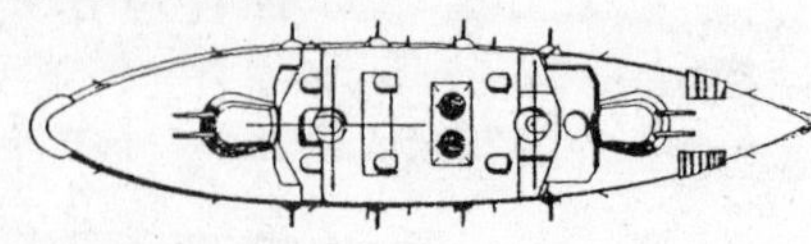

ドレッドノート型（1906・イギリス）

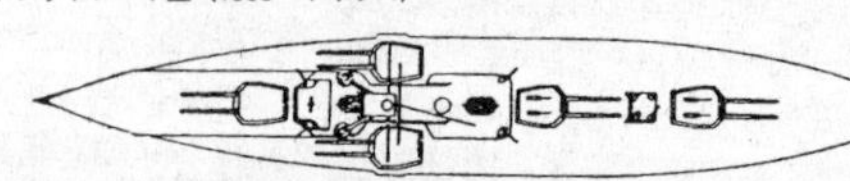

ネプチューン型（1911・イギリス）

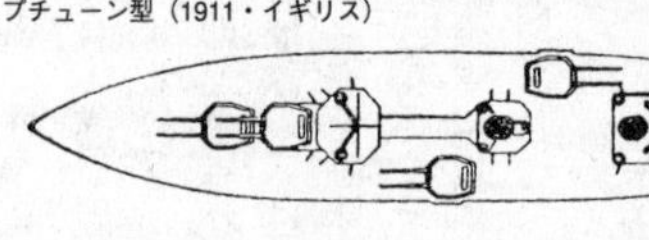

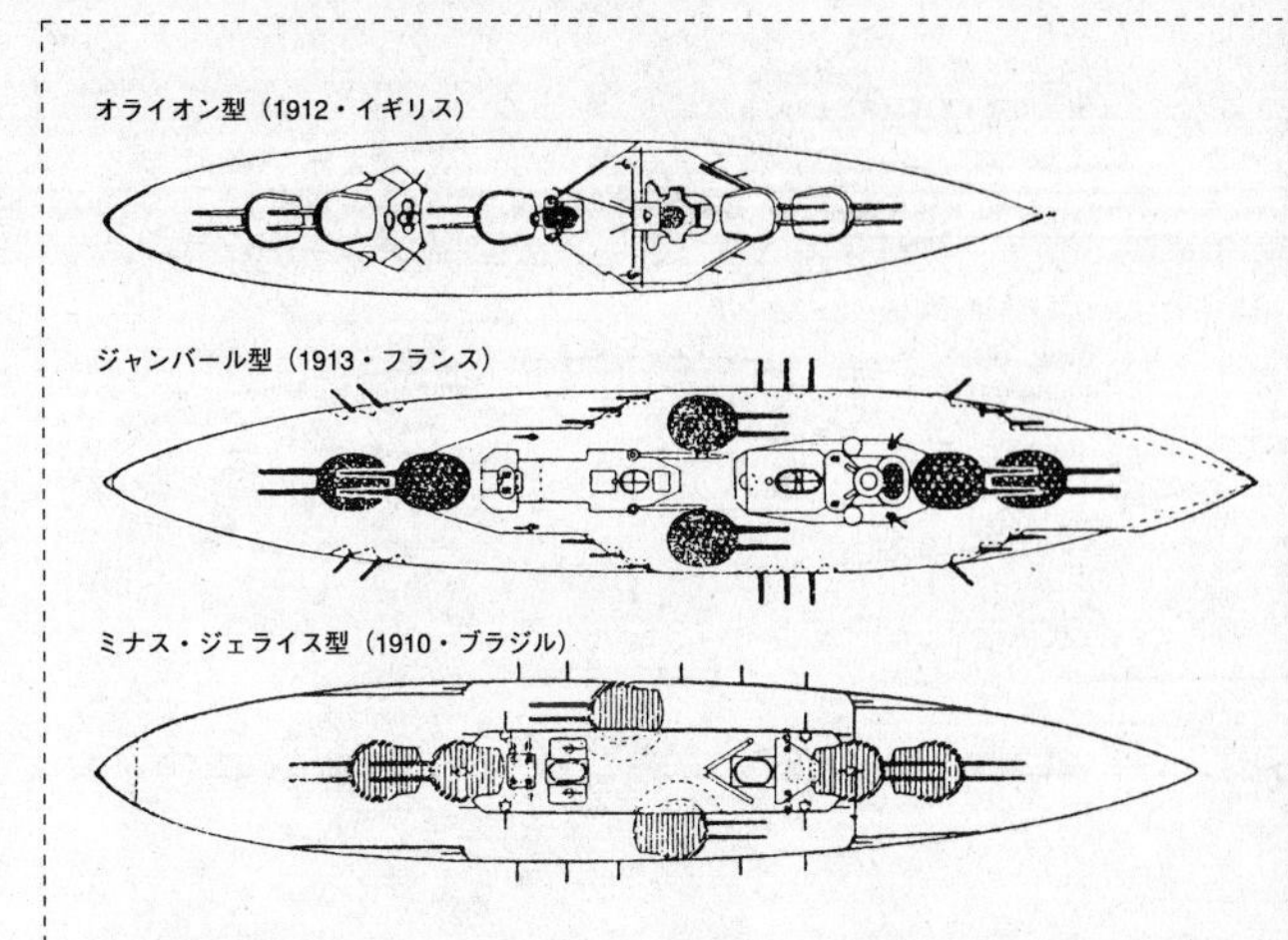

国に発注した国もふくめると一三ヵ国がド級戦艦をもったが、イギリスのド級艦へのきりかえがあまりに急激すぎて、ドイツ、アメリカがわずかに遅れてこれを追ったほかは、大幅に出遅れ、ロシアにいたっては一九一四年になって、最初のド級艦を完成させたほどであった。

さて、世界各国の初期ド級艦は、ドイツの一一インチ（二八センチ）砲をのぞいては、すべて一二インチ（三〇・五センチ）砲を装備していた。

ドレッドノートでは、この一二インチ砲連装五基を、前部一基、後部二基を中心線上に、中央両舷に各一基を配し、片舷四基の指向を可能にしていた。

ドイツのナッソー型では連装六基を、前後中心線上に各一基、中央両舷に各二基というように配置、片舷指向はおなじく連装四基であり、日本初のド級艦「河内」型も、おなじような配置を採用していた。

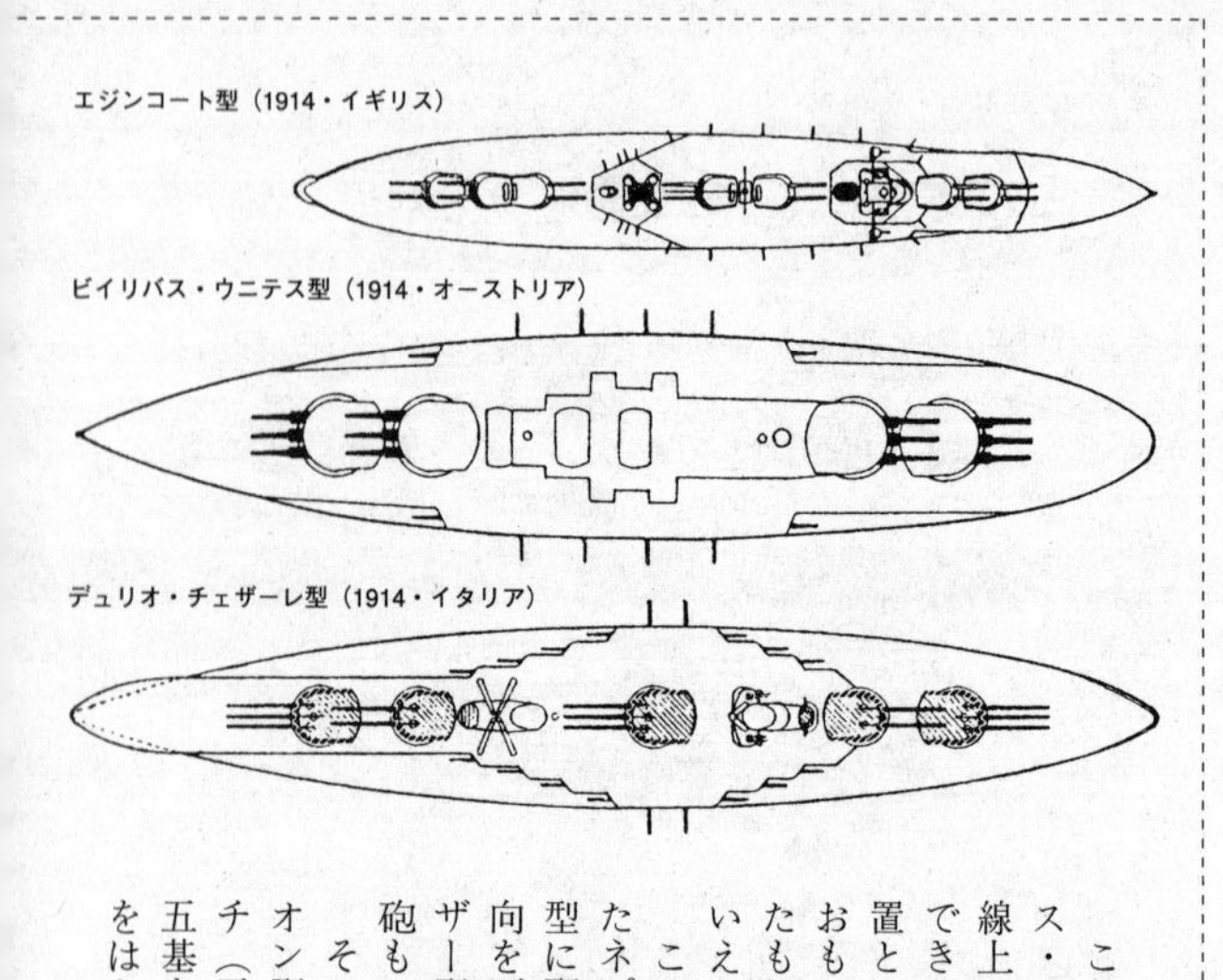

これにたいして、アメリカ最初のド級艦サウス・カロライナ型で、連装砲四基を前後の中心線上に、背負式に装備して全主砲の片舷指向をできるようにしており、もっとも効率のよい配置といえた。英独の初期ド級艦の主砲配置は、おもに爆風の影響を考慮して、平面的に配置したものといわれ、結果的にはむだの多いものといえた。

このためイギリスでは、一九一一年に完成したネプチューン型より、中央両舷の二砲塔を梯型に配置して、特定の射界では全主砲の片舷指向を可能にした。ドイツでも一九一二年のカイザー型よりおなじような配置を採用、さらに主砲も一二インチ砲に強化した。

そこで、一九一二年に完成した英戦艦オライオン型では、これに対して主砲を一三・五インチ（三四・三センチ）砲に強化、しかも、連装五基をすべて中心線上に配置して攻撃力の増大をはかった。

テキサス型（1914・アメリカ）

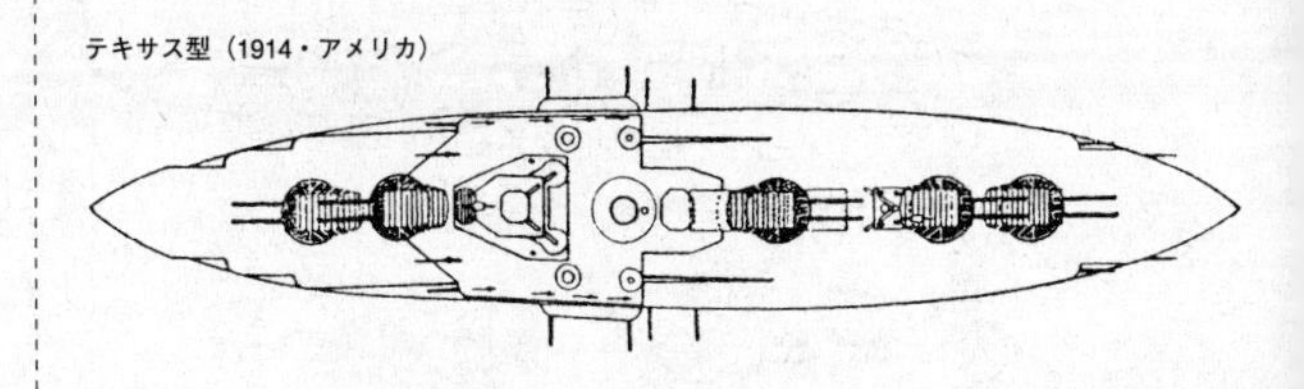

伊勢型（1915・日本）

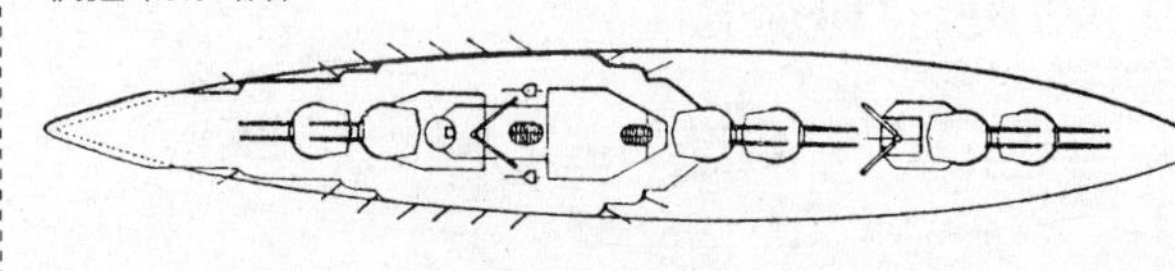

一三・五インチ四五口径砲は、それまでの一二インチ五〇口径砲にくらべて、弾重は三八五キロから六三五キロに、射程は二万一五〇〇メートルから二万三八〇〇メートルに増大、距離四五〇〇メートルにおけるクルップ鋼板の貫徹力は、四八三ミリより五五九ミリに向上している。

　イギリスはこの一三・五インチ砲艦三型一二隻、および巡戦二型四隻を建造したが、その間、他国においては独米をのぞくと、やっとはじめてのド級艦が完成しはじめた時期であった。フランスのジャンバール型は、一二インチ連装砲六基を前後に背負式に各二基、中央両舷に各一基を配置、片舷五砲塔の指向が可能であり、ブラジルの英建造ド級艦ミナス・ジェライスもおなじ配置を採用していた。

　この時期、南米諸国の建艦競争のひとつとして、ブラジルがイギリスに発注、のちにトルコに転売、完成後、英海軍に編入されたエジンコ

クィーン・エリザベス型（1915・イギリス）

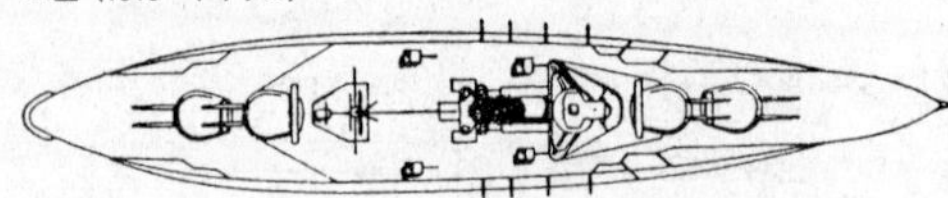

ロイヤル・サブリン型（1916・イギリス）

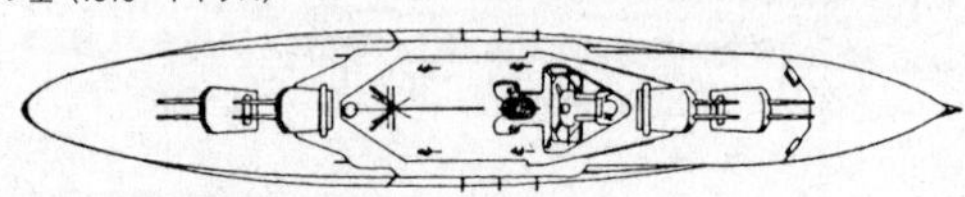

ノルマンディ型（未成・フランス）

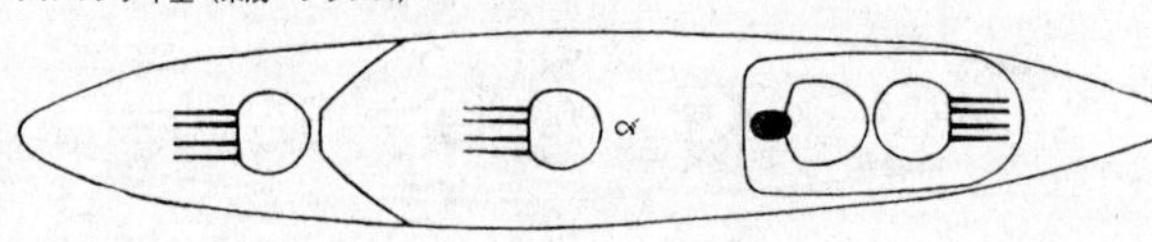

ートは一二インチ砲連装砲塔をじつに七基も中心線上に装備、主砲数一四門の記録はその後、破られることはなかった。

一方、イタリアとオーストリアの初期ド級艦は、いずれも三連装砲塔を採用、すべて中心線上に四基を装備、とくにオーストリアのビイリバス・ウニテス型では四基の砲塔を前後に背負式に装備して、もっとも近代的な形態をもっていた。イタリアでは、一九一四年に完成させたデュリオ・チェザーレ型において中心線に連装二基、三連装三基の一三門を装備、一二インチ砲艦としては先のエジンコートにつぐものであった。

主砲口径の増加は、アメリカでは一九一四年に完成したテキサス型より一四インチ（三五・六センチ）砲を採用、日本でも一九一二年に完成の巡戦「金剛」型よりおなじく一四インチ砲を採用、一九一五年には、同連装砲六基を中心線上に配した「扶桑」型、「伊勢」型を完成さ

リオン型（未成・フランス）

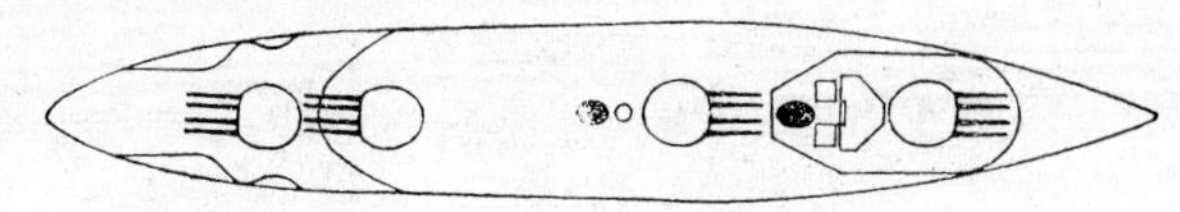

ネバダ型（1916・アメリカ）

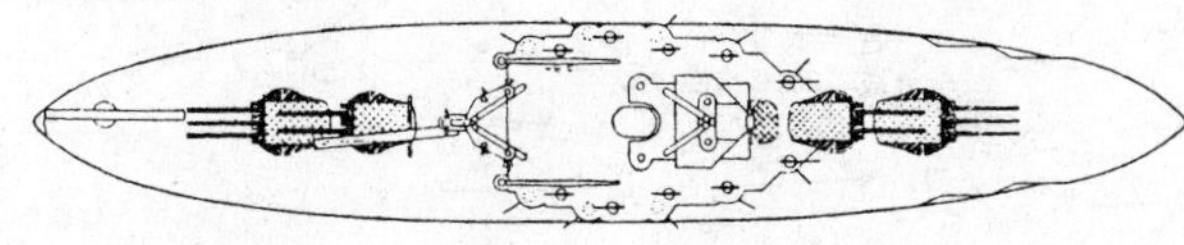

陸奥型（1920・日本）

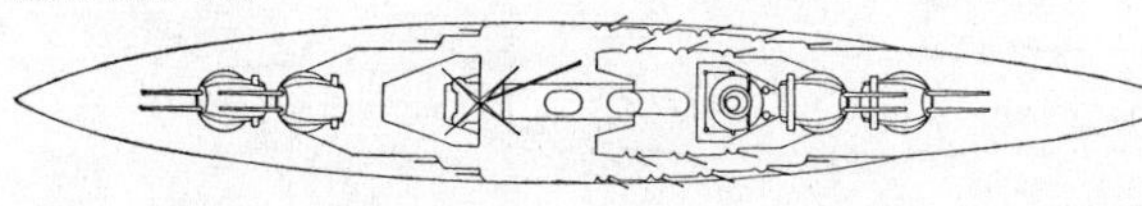

せた。

　また、フランスでも一九一五年に完成のプロバンス型より一三・四インチ（三四センチ）砲に強化した。

　このころ、イギリスはすでに一五インチ（三八・一センチ）砲に移行しており、同連装四基を搭載したクィーン・エリザベス型、ロイヤル・サブリン型が第一次大戦中に完成、これにたいして、主に一二インチ砲艦で大戦を戦ったドイツは、その口径差に大いに苦しんだが、一五インチ砲を搭載した戦艦は、大戦中にわずか二隻が完成したにすぎなかった。

　他方、フランス、イタリア、ロシア、オーストリアなどにおいても、一四インチおよび一五インチ砲艦の計画があったが、大戦の関係でいずれも中止され、完成を見なかった。なかでも、フランスが計画したノルマンディ型は、はじめて四連装砲塔を装備するもので、さらに次のリオン型では、同四連装砲四基を装備、合計一六

ダンケルク型（1937・フランス）

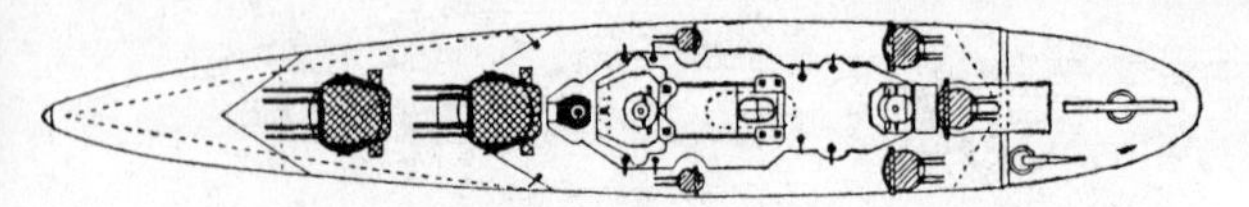

リシュリュー型（1940・フランス）

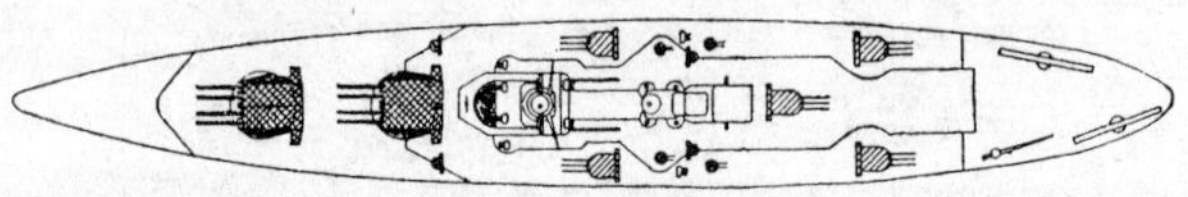

キング・ジョージ五世型（1940・イギリス）

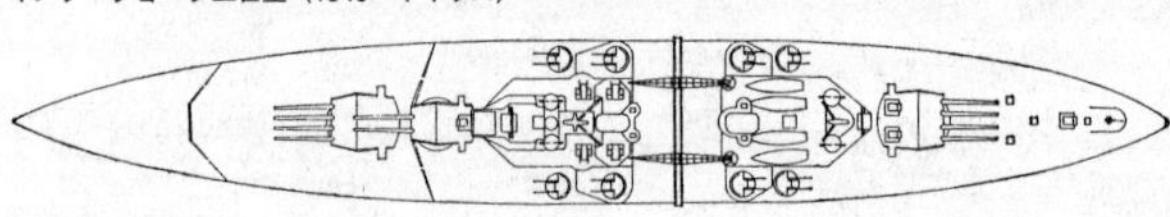

門という多数の主砲をもつ案であったことが注目された。

しかし太平洋をはさんだ日米では猛烈な建艦競争がつづけられ、アメリカでは一九一六年に完成したネバダ型より三連装砲塔の採用にふみきり、日本の六砲塔一二門にたいし、四砲塔一二門という配置をとっていた。

日本では一九二〇年に一六インチ（四〇・六センチ）砲を主砲とした「陸奥」型を完成させ、さらに八八艦隊案にもとづく一六インチ連装砲五基の巡戦「天城」型、同戦艦「土佐」型などを着工、さらに最終的には一八インチ砲連装四基の巨艦まで計画していた。アメリカでもこれに対抗する大規模な建艦計画をもち、一六インチ砲艦多数を着工するにいたった。

しかし、これも一九二二年のワシントン軍縮条約で中断され、ほとんどの艦は廃棄されてしまった。

ワシントン条約後の最後の戦艦時代は、一九

ビスマルク型（1940・ドイツ）

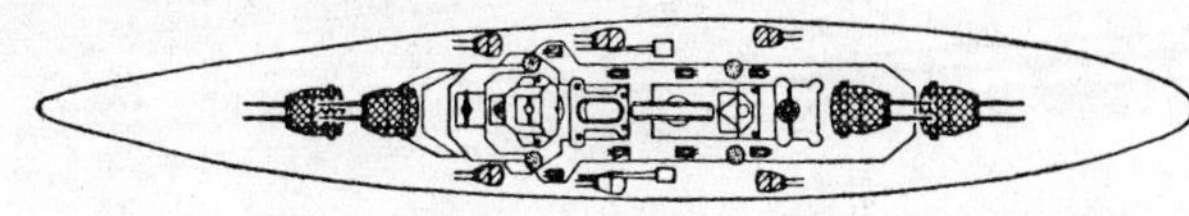

大和型（1941・日本）

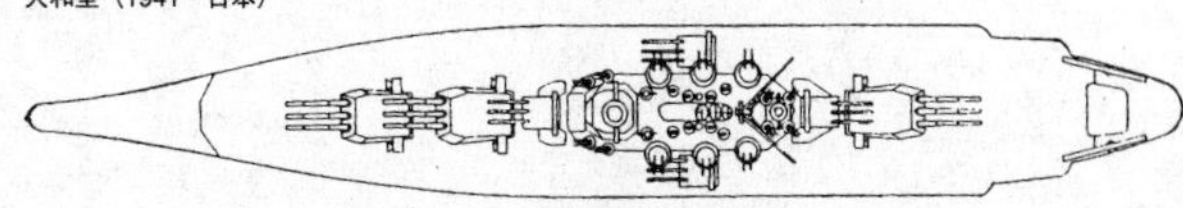

大和型（1942・日本）

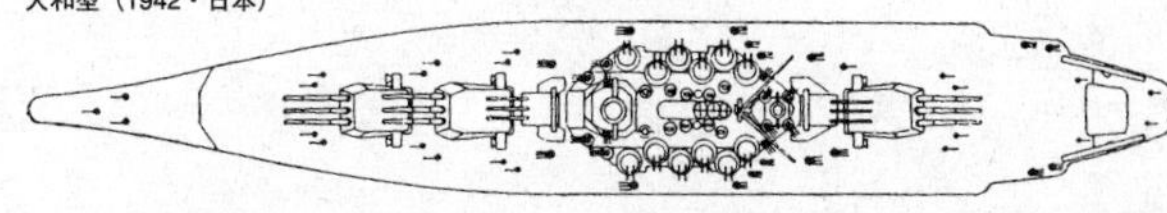

三七年に完成したフランスのダンケルク型でスタートした。このころ、各国とも防御の効率から、多連装砲塔を採用する例がおおく、フランスはその極端なものとして四連装砲塔を好み、ダンケルク型、リシュリュー型にそれを採用、イギリスでもキング・ジョージ五世型でそれを採用した。

これと対称的なのがドイツのビスマルク型で、連装四砲塔というもっともオーソドックスな配置を採用、日本、アメリカ、イタリアなどではこの中間として、三連装三基となっていた。

主砲口径では、日本が「大和」型に一八インチという巨砲を装備して他を圧倒していたが、アメリカが一六インチ砲、フランス、イタリア、ドイツが一五インチ砲を搭載、イギリスのみがもっとも小さい一四インチ砲を採用、第一次大戦の場合と逆の立場になって、ドイツのビスマルク型に対抗するキング・ジョージ五世型の弱点となった。

第1章

4

精鋭集団 アメリカ合衆国海兵隊の底力

斎藤忠直

■マリーンの起源と教育法──

太平洋戦争で頂点をきわめた〝艦隊の陸上戦闘部隊〟

泣く子もだまるUSマリーン

〈海兵隊〉──といえば、われわれにとって、なんといってもなじみ深いのは「US MARINE CORPS」──つまりアメリカ合衆国海兵隊といっていいだろう。

そう、海軍所属の陸軍に準じた陸上戦闘部隊として、およそ二二〇年の歴史と伝統をほこる通称〝泣く子もだまるUSマリーン〟だ。ただし、これは一七四〇年、イギリス軍が北米大陸における現地志望者募集によって編成された、植民地時代のイギリス軍所属の〝アメリカ海兵隊〟、いうならば〝アメリカ人傭兵隊〟としての時期をふくめてのことで、純然たるUSマリーンとしての出発は、イギリスから独立後の一七九八年であった。

むろん手本とされたのは、イギリス海軍の海兵隊で、一六六四年、ギリシャやローマのそれにならって〝提督たちの海上連隊〟の呼び名で創設されたもので、いまは〝女王陛下のロイヤル・マリーン〃である。

ちなみに、海兵隊という戦闘集団は、そもそもが海洋国によって考え出されたもので、そのかわきりとなったのは、紀元前五世紀におけるフェニキアのそれであった。

しかし、いずれにしても、USマリーン、合衆国海兵隊がいちはやくその存在を世界中に誇示し、有名となったのは、第二次世界大戦時の太平洋戦域における日本軍との戦闘においてであった。

〃命知らずの殴りこみ橋頭堡部隊〃として、マキン、タラワ、ガダルカナル、グアム、サイパン、硫黄島、そして沖縄などの苛酷な上陸作戦の先頭に立ち、いくたの多大な犠牲を出しつつ、つぎつぎと日本軍の各部隊を玉砕に追いこみ、全アメリカ軍勝利のまさに猛烈な原動力となったことによる。

そうして、最終的には日本本土に進駐し、われわれの前に、初めてその姿を見せるのであった。

だが、いわゆる〈海兵隊〉という部隊がアメリカにはあるのだということを、いや、そうしたネーミングを知らされたのも、われわれ、ことに日本人一般にとっては初めてのことではなかったろうか。

そして、海兵隊というのは、一言でいえば、旧日本海軍の

激しい砲火の下、サイパンに上陸した米海兵隊員。後方は水陸両用戦車。

〈陸戦隊〉にほぼひとしい性格の部隊と思えばいい。その役目、任務のすべてについてもいえた。

そうきかされて、うなずいたのもたしかなら、納得できたのもたしかだったのではないだろうか。日本海軍の陸戦隊といえば、だれ一人知らぬ者はなかったからである。

やはり猛者ぞろいで、日露戦争を契機として創設された日本海軍所属の精鋭陸上戦闘グループ〈陸戦隊〉が、人びとにその名を知らしめたのは、日中戦争、ひいては第二次大戦にまでつづいた中国の上海市を中心とした一つの事件であった。すなわち、第一次、第二次と発生した〝上海事変〟である。

このとき、日本から急派増援されて活躍した、上海市に司令部をおいた上海特別陸戦隊の姿によってであった。

それも、実際の戦闘における勇敢ぶりもそうだが、USマリーンの場合もそうだし、そのほか、イギリス、フランス、イタリア、ソ連、スペインなど各国の海兵隊についてもいえることは、海軍の艦船部隊とも協同して、有事のさいには、なによりも先に海外の植民地や居留地に存する自国のいわゆる在外公館、国家的資産、さらにすべての同胞たちの生命財産を、その地に駐屯もして、どこまでも守ることを任務としていた。

そうしたこともまじえて、人びとに心強さをイメージアップしたのが、日本のとにもかくにも上海特別陸戦隊であり、旧日本海軍の陸戦隊だった。横須賀、呉、舞鶴、佐世保などの各鎮守府所属、あるいは各艦隊所属の部隊にかぎらず、そのつど命令によって出動し、はたまた駐屯して任務を全うした全陸戦隊の活躍を忘れることはできない。

勇猛なる〝レザーネック〟たち

では、およそ二〇〇年余の歴史と伝統をほこるUSマリーン――〝レザーネック〟たちは、それまでにどんな歩みをつづけてきたのだろうか。

ざっと挙げれば、アメリカ合衆国の独立後は、当時まだ暴れまわっていた七つの海の海賊たちを退治するため、トリポリやマライ方面にまで遠征し、同時にフロリダ地方の白人たちを襲うインディアン討伐にも専従出動した。

その頃は、ちょうど革をあしらったスタンド・カラーのジャケットがユニフォームだったため、海賊やインディアンたちはむろんのこと、一般の住民たちもふくめて、だれいうとなく〝命知らずの革首たち〟すなわち〝レザーネック〟と呼ばれるようになった。

昭和7年、第一次上海事変で出動した日本海軍陸戦隊。日本海軍では各鎮守府所属と上海特別陸戦隊が有力な部隊であった。

このニックネームは今も生きていて、海兵隊自身もこれを勇猛な部隊、隊員たちにたいする〝尊称〟と受けとり、タイトルをずばり『LEATHER　NECK』とした隊内機関紙が現在も発行されている。

また一八五三年、ペリー提督の〝黒船〟が日本にやってきたとき、護衛兵として乗り組んできたのも海兵隊員たちで、南北戦争では北軍側について活躍した。

一八九七年のアメリカ・スペイン戦争のさいは、キューバ、マニラ、カリフォルニア州のサンディエゴなどの激戦地で死闘をかさねた。なかでもサンディエゴでの戦いぶりは激しく、その記念すべき地は、いまなお太平洋地域のUSマリーンの一大根拠地として現役活動の〝メッカ〟とされている。

そしてそのあとは、映画『北京の五五日』などで有名な中国における義和団の乱にも、アメリカ人の生命財産を守るために一役買い、第一次大戦がはじまるとヨーロッパの戦場に派遣されて、その荒くれぶりを各戦場で披露した。

そうして、このUSマリーン、アメリカ合衆国海兵隊がもっとも名声をあげたのは、冒頭で述べた通り、第二次大戦時の太平洋戦域での日本軍との戦いであった。はたまた、それに次いでまもなく勃発した朝鮮戦争、さらにベトナム戦争にまでいたる活躍ということになるのである。

では、その勇猛ぶりの源泉たるものは、どこにあるのか、その一端と思えるものを探してみると、こんなものがある。なんともすさまじい隊員教育だ。それも入隊そうそうからのである。

要するにUSマリーンは、アメリカ全軍の有事における先兵、もっとも危険な戦闘の場にとび込む〝橋頭堡部隊〟という部隊の性質からして、隊員はオール志願制をとっている。そうして創立以来、アメリカ海軍の艦隊乗り組みの〝陸兵〟というのが、すこし前までの部隊編成の基本であった。

ベトナム戦争時に、陸軍、海軍、空軍につぐアメリカ四軍の一つとして完全に独立し、長い間の海軍所属ということに歴史的な訣別をしている。

だからといって、教育訓練の基本までかわったということはない。海軍から離れるまで、第二次大戦時、朝鮮戦争時もふくめて、指揮官である将校のほとんどは、合衆国海軍のエリート・コースであるアナポリスの海軍兵学校出身者から志望によってえらばれ、海兵隊アカデミー、海兵隊幹部専門学校で、海兵隊独特のきびしい再教育をうけたのち、各部隊に配属されるのが常道だった。

そして、そのきびしさは、即、一般隊員に課せられて、将校、下士官兵にまでおよび、しばしば他のアメリカ軍各部隊から一目も二目もおかれることになるのである。いわく、アメリカ合衆国海兵隊員は、シャワーのときに針金で体をこするそうだ、とか、脳ミソを洗い桶にぶちまけて洗うのさ、といった伝説さえ流れるほどであった。こういう調子は、いまもおなじである。

そこは地獄の入り口だった

合衆国海兵隊の訓練のなかでも、ことに目をみはらされるのはルーキー・トレーニング、つまり新兵訓練だ。これは合衆国陸軍そのほかもさることながら、とくに苛酷である。

入隊第一日目から心身ともにボロボロにされる。徹底的にシャバッ気を抜かれ、甘っちょろい人間性をひんむかれ、ブジョクとクツジョクの嵐のなかに巻きこまれ、ほんろうされ、ズタズタにされる。

〝認識票(ドッグ・タッグ)をぶらさげられて、文字通り犬以下のあつかいをうける。学歴のある者もない者もいっさい関係ない。最低までつき落とされて、はい上がらされるのだ。ベテランたちのいう「自由をうばわれ、かわりに地獄をもらう」というやつだ。

合衆国海兵隊は、昔も今もオール志願制だ。海兵隊の欲しがるのは、ハイスクール卒業ていどの学歴をもった健康な若者。一七歳から二五歳ぐらいまでがその対象だ。しかし、志願者のほとんどは二一歳以下。

かんたんなテストと身体検査をパスすると、指示された入隊日のきめられた時間までに、新兵キャンプ（ブート）ちかくの駅や空港などに集合させられ、時間になるとバスやトラックが隊からむかえにきて、キャンプにほうりこまれる。

新兵キャンプ——基礎訓練所は、東部海岸のサウス・カロライナ州パリス島とカリフォルニア州サンディエゴにあり、そこを終了と同時にひきつづきおこなわれる高等新兵訓練が、東部の場合はパリス島からすぐ近くのリジューンで、サンディエゴの方もほとんど隣りあっているといっていいペンドルトンにある。

そして、いかなる理由で志願したにせよ、このブート・キャンプのメイン・ゲートをくぐって、兵舎（バラックス）前に降りたされたとたん、若者たちは「とんでもない所へきてしまった⁉」と嘆くのだった。

たとえば、もっとも多い典型的な海兵志願の若者のあとを追ってみようか。

ジョージ・スミス。ロサンゼルス出身、一七歳、黒人。市立のハイスクール卒業と同時に応募する。父親は大学のキャンパス・ポリス。サイレンと赤色灯をつけたシボレーのワゴンで、広い大学構内をパトロールするのが仕事だ。母親はおなじ大学病院の看護婦。家族はほかにハイスクール二年の妹とジュニア・ハイスクール三年の弟がいる。

志願の動機は「海軍、海兵隊に入って男になろう」「海軍、海兵隊に入って世界を見て歩こう」という街で見かける募兵キャッチ・フレーズに魅かれたのでもなければ、シャバにいられなくなったわけでもない。

玄関前には、白いサービス・キャップ、ブルーの第一種軍装にピカピカの黒靴の先任曹長、それにプレスのよくきいたオリーブ・ドラブのファティーグ・スーツに、キャンペーン・ハットの二人の訓練係軍曹、一人の黒人伍長が待っていた。バスからスミスがおりると伍長がとんできた。

昭和18年11月21日、タラワ環礁ベティオ島に上陸した米海兵隊員。サンゴの浅瀬を徒歩し、多大な犠牲を払うことになった。

「おまえ、名前は？」

「スミス。ジョージ・スミス」と答えると、

「ようし、スミス。こっちへこい」

乱暴にもひきちぎりそうに耳をひっぱって曹長と軍曹たちの前に立たせ、

「みんな、このウドの大木から、背の順にならべ！」ときたのだ。

そして、やおら敬礼をして曹長の後ろにひっこむと、六本山形（シェブロン）の赤と金ピカの階級章に、ベトナム従軍章をはじめ、勲功章、銀星章そのほか、何列もの略綬を胸にべったりとつけた曹長が、火のついていない葉巻を口からはなすと一歩前に出て、静かに、ゆっくりとあいさつをつぶやきだす。

「ようし、よく来てくれたな、お嬢さん（レディーズ）たち。

待っていたぞ。海兵隊にようこそ、だ。しかし、まちがえるなよ。おまえらは、基礎訓練が終わるまでは、海兵隊員でもなければ、男でもない。いうならば、女だ。それも、しまつの悪い腐った女郎(ビッチ)だ。文句のある奴は、今のうちにいえ！　ようし、ないな。では、たった今から、おれたちが、女郎から一丁前の海兵隊員に仕立ててやる」

そこで、静かな時には消え入りそうなソフトなムードが、ガラリと変わる。テキサス一の猛牛が暗闇でうなったようなドスのきいた号令が、いきなり新兵たちの頭上にふりかかる。それが「気をつけ(アテンション)！」という言葉とは、とうてい思えなかったが、スミスをはじめ新兵たちは気をつけだと感じ、直立不動の姿勢をとった。

プエルトリカンの一人がまごまごした。曹長がそれを見て、一瞬すごみのある笑いをもらした。そのとたん、こんどは大シャベルで砂利をすくうような音が、一人の軍曹の口からひびいたかと思うと、プエルトリカンの体は、その磨きぬかれたコンバット・シューズの先で蹴りあげられ、三メートルもふっとぶ。曹長はそれを見ると、

「ようし、軍曹、あとはまかせる」

葉巻に火をつけて、ゆうゆうと兵舎内にひっこむ。曹長が消えると、もう一人の軍曹がすみでる。

それからスミスたちは、兵舎内に入れられる。移動はすべて駆け足だ。以後、何をするにも、軍曹、伍長の三人のうち、かならず二人が新兵たちにがっちりとはりつく。

兵舎にはいったスミスたちは、まずなにはともあれ散髪させられる。バラックス内の理容室で、坊主頭にちかいクルー・カットに刈りあげられる。その時間は一人三〇秒とかからな

い。バリカンの刃がひっかかって血が出ようが、トラ刈りだろうが、気にもされない。

次には、補給部の倉庫に駆けていき、受け渡し室のカウンターで、洗面器、タオル、石鹼、歯ブラシ、歯ミガキ粉、カミソリ、ゴムゾウリ、各種支給品のクーポン券、海兵隊員ブックなるものをもらう。

海兵隊員ブックには、はじめに神を信じ、合衆国を信頼せよ、とあり、最後にいたっては、海兵隊員は未婚の女性と関係をもってはならぬ、ただし〝ファイティング・ラバー〟を使用するならば、そのかぎりでない、といった心得が書き綴られている。

必要品の受け取りがすむと、シャワー室におしこまれ、はじめてUSMCのマークのはいったファティーグ・スーツに着換えさせられる。それが終わると、家へ送り返すことになっている私服、私物の荷作り。荷作りがおわるかおわらないうちに、今度は隊出入りのテーラーがやってきて第一種軍装の寸法をとり、靴屋が気をつけのままで足の寸法をはかっていく。

ここまでくると、初めて個人調査面接があらためておこなわれる。担当は教育係軍曹。

個人面接がおわると、入隊後の身体検査がはじまる。各種の予防注射を一度に何本もされ、レントゲン撮影、歯の検査、精神鑑定などへとすすむ。そして最後に、身分証明書用の写真撮影があって、ようやくすべての入隊手続きがおわり、休養がとらされる。訓練開始は翌日からだ。

そそがれる教官のきびしい眼

入隊翌日からはじまる基礎教育訓練は約一一週間。戦時体制下では八週間ほどに切り上げられる。

海兵新兵たちの一日は、朝飯前の四キロマラソンからはじまり、ライフルの取り扱いおよび射撃、一対一の個人格闘技、白兵戦のやり方、室内の机上学習ともりだくさん。夏は午後四時半起床で午後九時就寝。冬は五時起床、九時半就寝だが、寝るまで軍曹、伍長がついてまわる。

その間、私的制裁、肉体制裁などは当然禁止されているのだが、スミスのような黒人だろうが、白人だろうが、その他の民族系の者だろうが、白人軍曹も黒人伍長も、もたもたしているやつは、ようしゃなく殴る、蹴るの罰をあたえる。遠慮などしない。

もっとも軽いやつが腕立て伏せだが、それを完全軍装で二〇回、三〇回、左、右と片腕伏せでそれだけやらされたら、もうアウトだ。それも訓練でヘトヘトにしぼられたあと……。

しかし、最後までやらずに途中でノビると、めちゃくちゃなケリがくる。ようやく立ち上がると、パンチがとんでくる。下士官のなかには、元中隊対抗ボクシングの〝チャンプ〟などというのがゴロゴロしているのだ。

最高に痛い、キツいやつを、殺さぬ程度にぶちこむコツを、じつにしっかりとわきまえている。たいていが〝ケンカの達人〟だ。人間の精神的にもっとも弱い部分、肉体的にも弱い部分、それらをとくと熟知している。

そうしてそれが、ことにライフル、射撃にかんするヘマだとなると、その受ける罰はかぎりなく大きい。旧日本軍の「三八式歩兵銃殿……」どころではない。

遊底を引いておいて、そこへ舌をもっていかされる。遊底が戻ったらどうなるか。一週間はメシが食えない。

訓練開始当初は、疲れきって空腹であるのに、トイレにも腰掛けるのがやっとの状態だ。それが少し慣れると、食欲がなくなる。体中が痛くて、猛烈に腹が空くようになる。体の痛みがとれ、舌がはれあがってメシが食えないようになる。そんな時、どうするか。もちろん、それで訓練を休ませてくれるはずはない。ただ、耐えるだけだ。

昭和20年２月19日、硫黄島南海岸に上陸した米第四海兵師団。守備隊砲火で釘づけ状態で、以後25日間、死闘が展開された。

そして、じつはそれが合衆国海兵隊の狙いである。人間の肉体は、もろい時はもろいが、その気になればじつにしぶとい強さをみせるのだ。環境になれるにしたがって……。つまり、それが訓練だ。

むろん、途中でくじけて、脱走や自殺およびその未遂をはかる者もいる。だがそうなると、話はまったく別になる。軍法会議そのほかの、いちだんときびしい処置がとられることになるからだ。

なにしろ、入隊時に四年間という勤務契約を、志願者たちは合衆国海兵隊と法律的に結んでいるのである。この契約を破ろうとしたら、いかなる理由があっても、絶対に味方はいない。

また、訓練中に落伍した場合も〝USマリーン〟である以上、助けてくれる者はいない。

新兵たちが、キモに銘じていいわたされるのは、なにはさておき、宗教的なほどこし以外、他人にたいするいっさいの同情と援助は御法度（ごはっと）だということだ。

そして、ライフル、射撃の失敗にかんする罰が重いのは、合衆国海兵隊の基礎、すなわち隊員すべてが軍隊内の最少にして基本的な武器のライフルを、とことん使いこなす、優秀な〝ライフルマン〟というところにおかれているからだ。

したがって、合衆国海兵隊の場合は、とくに役目をあたえられたライフルマンが、戦車を動かし、大砲を撃ち、ジェット戦闘機を飛ばしているといってもいいだろう。

新兵たちが射撃訓練にはいる最初の日、一人ひとりがライフルを抱いて立てさせられるのに有名な誓いがある。

「おまえによく似た銃はたくさんあるが、おまえだけがおれの銃だ。おれは、おまえの良き主人となろう。おまえを信じて」

さらに海兵隊自体も、「おまえたちが信じていいのは、神と合衆国と海軍、海兵隊、上官、仲間だけだ。だが、おのれが究極に立った時、信ずるものは、おそらく助けてくれるのは、自分のライフル一梃だけになるだろう」と誓う。

タフなプロ兵士の誕生

こうして、ごく初歩の個々の肉体と精神の苛酷な鍛練期間、一一週間がすぎると、スミスたちは四週間の後期訓練にはいる。個々の訓練から部隊訓練にすすむわけである。

訓練はそうなると、さらにより複雑となり、きびしくなる。ミステークをやったさいの制裁も罰則も、グループで受けることになる。兵器の取り扱いも、機関銃や対戦車砲にまでおよぶようになる。偵察、サバイバル訓練なども、びっしりおこなわれる。

ベトナム戦争当時、ダナンに上陸する米海兵隊員。歴史と伝統を誇る米海兵隊は、つねに上陸戦などの激戦地に投入された。

グループ偵察訓練で、〝敵方〟との格闘技に敗けた者たちは、シャワー室に閉じこめられ、アンモニア水をまかれた上にポンチョをかぶせられ、仲間同士でグロッキー、正気をうしなうまでなぐり合いをさせられる。

一七歳のスミスも、どれだけ軍曹、伍長たちになぐられ、けとばされ、プッシュ・アップさせられたかわからない。

しかし、結果的には「もうダメだ、死ぬ！」そう思った時点から先に、ほんとうの力が出てくることを悟らせられる。自信をもって事にあたることができるようになる。怖さ知らずになる。精神的にも肉体的にも、どんな苦境にも耐えられるような気がしてくる。

スミスたちのような若い新兵たちを、そこまでもっていくのが海兵隊教育係下士官たちの目的だ。スミスにかぎらず、新兵たちがそうした境地に到達するのが、ちょうど入隊後一五週間、後期訓練がようやくおわりに近づくころだ。

この一五週間が終了すると、そこではじめて、本命の水陸両用部隊、航空隊、砲兵隊、工兵隊、情報部そのほか、それぞれの術科部隊への仕分けがなされ、それが決まると入隊以来はじめての外出、休暇が許可される。新兵たちの家族たちが招待されて、訓練終了パーティーがひらかれる。

ところが、ここで困るのは家族たちだ。新兵たちの顔つきも、スリムで筋肉質のスタミナ充分そうな体つきも、見分けがつけられないほど、みごとに同じようになっていて、そばまで行かないと、どれが自分の息子なのか、兄弟なのか、さっぱりわからない。

新兵たちは、もはや一人のアメリカ青年スミスでもなければ、トーマスでもなく、ビルでもない。立派な一人の「海兵隊員」として、真新しい第一種軍装を張る。

ブート・キャンプでの「刑務所の方が、まだましだ」そう思えるような苦しいしごき、非人間的な上官たちの〝圧政〟も忘れている。そして、この時、スミスたちの胸のなかにあるのは、一発必中のライフルマン、第一線戦闘員としての自信、海兵隊員としての自負だ。

「退却」という言葉はない

それにしても、USマリーンといえば〝戦場の殺し屋〟〝荒くれ集団〟、USマリーン・コーは〝殺しの人間機械〟の大量生産工場。そんな見方が一般のあいだでの通り相場となっている。

たしかにUSマリーンは命知らずだ。第二次大戦、朝鮮戦争、そしてベトナム戦争と、いつの戦いでも。

しかし、合衆国海兵隊員にかぎらず、好む、好まないは別として、食うか食われるかの戦場にひとたび立って、〝殺し屋〟でない軍隊、兵士、戦闘員がいるだろうか。殺らなければ殺られるのだ。それでなければ、みじめな捕虜生活が待っているだけだ。

また、ごくふつうの若者を新兵キャンプにいれて〝人間殺人機械〟をつくらない軍隊があるだろうか。あるとすれば、軍隊としてすでに失格である。存在する意味がない。

もし、戦争という渦中にやむを得ずまきこまれたときに、国でも、個人でもいい、その場合、勝つのと負けるのではどちらがいいか。これはいうまでもないことだ。勝つためには、なにはさておき、相手側よりも強くなくてはならない。

合衆国海兵隊は、いうなれば、絶対に敗者のみじめさを味わいたくないのである。そのためには、徹底的に勝つ方法を考えねばならない。強い者をつくるのだ。

そこで、徹底的に訓練する。洗脳し、肉体を鍛えあげる。合衆国海兵隊には、弱い者、臆病者、卑怯者はいらない。そして、USマリーンには「退却」という言葉もない。

ちなみに、黒人青年が海兵隊に入隊を許可されるようになったのは、一人でも多くの戦闘員が欲しかった第二次大戦からであった。黒人のUSマリーンが初陣をかざったのは、サイパン島の戦いである。それまでは、白人隊員だけの〝純血〟を長いあいだ保ち続けていたのである。

それまでは、まったくの差別そのものだった。黒人たちはすべて怠けもの、能なしたち、戦場ではまったく使いものにならないとされていた。が、ひとたび第一線に立たせると、忠誠心も旺盛ならば、運動神経、反射作用、そして抜群のスタミナ、腕力の優秀さは、海兵隊員の中でも群を抜いていた。

そこで第二次大戦以降は、戦闘員として大いに歓迎され、現在にいたっている。もっとも、白色人種であろうが黒色人種であろうが、ダメなヤツはダメ、優秀な者は優秀なのである。そのため、先のベトナム戦争で、大きな犠牲、多くの戦死傷者を出したのは、黒人隊員たちだった。

ともあれ、世界各国の〈海兵隊〉における隊員教育、訓練というものは、おしなべてUSマリーンに負けずとも劣らずの、ハードで厳しいものであることは、まちがいないことである。いずれも勇猛な精鋭づくりの源泉として——。

第2章

1

陸上戦術を変革したドイツ電撃戦部隊

後藤　仁

■驚異の西方進攻作戦

ドイツ参謀本部が計画立案した欧州制覇の全貌

誤算だったポーランド侵攻作戦

ポーランドを席巻したドイツ軍であったが、このポーランド侵攻作戦には大きな誤算があった。それは「おそらくポーランドに侵攻したとしても、イギリス、フランスは何もせずに傍観しているだけであろう」と都合よく解釈していたことである。

実際、フランスはポーランドと軍事協定を結んでいたし、イギリスもドイツ軍が侵攻を開始する直前にこれまたポーランドと援護協定を結んでいたというのに、ポーランドに侵攻してもなんら軍事行動を起こさなかったのである。

しかし、ヒトラーの意に反してイギリス、フランス両国は、ドイツがポーランドへの侵攻を開始して二日後の一九四〇年九月三日に相次いでドイツに対して宣戦を布告し、これをもって第二次世界大戦が勃発した。

もっとも、これは宣戦を布告したというだけに過ぎず、実際の軍事行動はフランスが散発的に空軍機をドイツに飛ばして、小型爆弾を投下するといった程度しかおこなわなかったが、それでもドイツ軍がフランスへの侵攻を開始する一九四〇年五月までの航空戦において、三八機が失われている。イギリスにいたってはフランスに派遣軍を送るだけで、実際の軍事行動は全くおこなわなかった。

しかし、派遣といっても九月四日に先遣隊がフランスに上陸して以後、十日から主力部隊が逐次派遣されて同月末までに兵員一〇万名、車両二万四〇〇〇両が送り込まれたが、ドイツ軍に対抗するには十分な数字とはいい難かった。もっとも、その後も順次派遣がつづけられ、ドイツ侵攻時には兵員数四五万名にまで増強されている。

これはドイツでも同様で、空軍機を散発的にフランス上空に飛行させることぐらいしかおこなわず、このためフランスではこの開戦当初を称してドロール・ド・ゲール（奇妙な戦争）と

ワルシャワを行軍するII号戦車

呼び、同様にイギリスではトワイライト・ウォー（黄昏の戦争）、アメリカではファニー・ウォー（いかさまの戦争）、そしてドイツではジッツクリーク（座り込み戦争）とそれぞれ呼んでおり、言葉こそ違えど各国の思いは全く同じであった。

確かに宣戦を布告して戦闘状態に入っていながら、両者ともに実際の軍事行動は散発的な航空戦だけに止まったというのは、誰が見てもおかしかった。

しかし、このイギリスとフランスの宣戦布告を受けてヒトラーは、九月二十七日には早くも西方ヨーロッパ方面の侵攻作戦をとりまとめることを求めた。

これにしたがって、作戦を練ると共に、各方面からフランス正面に兵力の移動を開始し、十六日におこなわれた会議において、十一月十二日にその侵攻開始日を定め、最終決定は十一月五日に会議で決めるとした。この命令を受けて国防軍参謀本部が、急遽まとめた攻撃案が「黄作戦」である。

ドイツ国防軍が作成した黄作戦

ヒトラーに命じられ、参謀本部が十月十九日付けでヒトラーに提出した作戦は、黄作戦と呼ばれ、まず最初に立案されたのはベルギーとオランダの南部からドーバー海峡に向かい、続いてパリに向かって進撃するという第一次大戦において、当時のドイツ参謀総長アルフレッド・シュリーフェン将軍が考案した計画と大差ないものであった。

このシュリーフェン計画は、ドイツ陸軍の大半（八〇コ師団のうち七〇コ以上とされていた）を投入し、マスの力で押し切ろうという大胆な計画であったが、実際には後任として参謀総長の座に就いたフェルムート・フォン・モルトケ将軍が、修正を加えて兵力を分散して作戦を遂行したため、パリ攻略はおろか予想外の塹壕戦となってしまい、結局フランスを陥とせぬままに敗戦を迎えたのである。

後世の研究家によれば、もし作戦立案当初の計画のまま攻撃が実行されたとしたならばフランスは降伏していただろうというのが、大半の一致した意見であった。

シュリーフェン計画が、オランダとベルギーからフランスに侵攻するという案を採ったのは、フランスがドイツとの国境地帯に強力な要塞を中心とした防衛ラインを築いていたからに他ならない。そして第二次大戦でもこのシュリーフェン計画に沿った侵攻計画が採られたのは、かの名高いフランスの防衛線

全方向が射撃可能なマジノ線砲台

「マジノ線」が存在したからだ。

マジノ線というと、今でこそ張り子の虎にしかすぎなかったことが判明しているが、第二次大戦前においては強力無比な要塞地帯としてその名を轟かせていた。一九二七年から構築に着手し、要所に数メートルの厚さを持つコンクリート製のトーチカを配して監視塔や旋回式砲塔を備えたこの要塞は全長約一四〇キロにも達し、地下に設けられたトンネルで各トーチカは連絡されていた。フランス側の巧みな宣伝もあり、当時は突破は難しいとドイツ軍が考えたのもやむを得まい。

しかし、その実態は宣伝されていたものとは大きく異なっており、しかもドイツとの国境地帯の中央東北部までしか設けられていなかった。本来ならばベルギーとの国境線に沿ってドーバー海峡まで延長していなければ要をなさなかったのだが、ベルギーの国境にわずかに入ったモンメディーで突然、マジノ線は終わっている。何故か。

それはここにはフランスの工業地帯が隣接しており、この中央を通すか、それともベルギーの国境に入って構築するしかなく、さらには低地帯ということの技術的な問題もあったからとしているが、その陰には、ベルギーを孤立させることにつなが

る要塞の構築が避けられたというのが真相であろう。

無論そこには多額な構築経費節減もあったことは十分考えられる。いずれにせよ、他国の要塞と同様に中途半端なものでしかなかったのだ。当然これはドイツ軍も熟知しており、無駄な戦闘を避けるためにも、マジノ線を迂回するという侵攻路を採るのも当然であった。

このようにまとめられた黄作戦であったが、十月二十九日に陸軍参謀本部は、各部隊の司令官から黄作戦に対して問題あり、との意見具申が数多く送られてきたことを受けて、一部に修正を加えオランダを中立状態として、兵力の集中をはかった案をまとめた。

そして十一月五日の作戦開始決定の会議において、気象条件が不利として

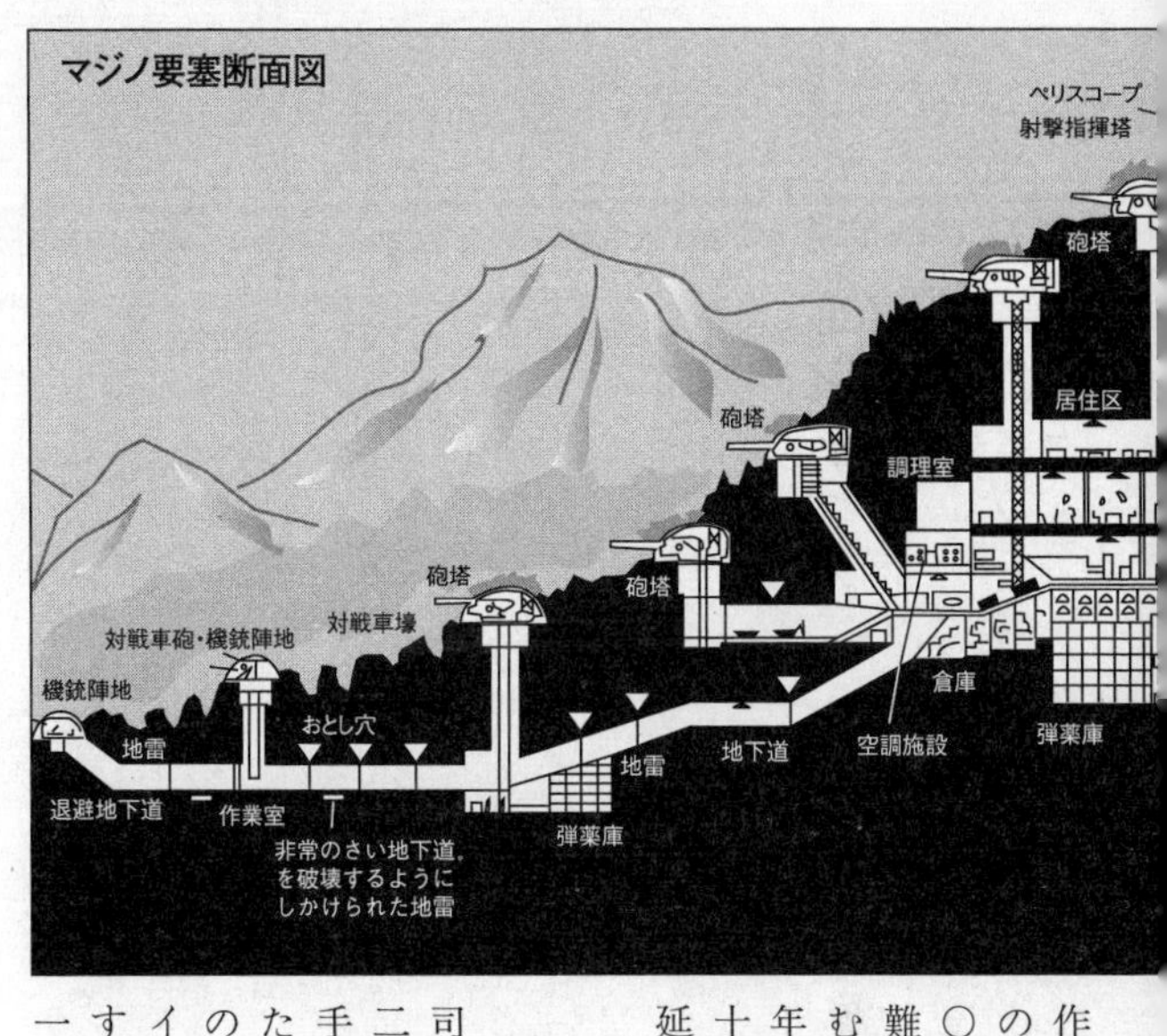

作戦の期日が延期された。しかし、その後も天候は悪化する一方で、一九四〇年に入るとさらに装甲師団の行動は難しい状況となってしまったので、やむなくヒトラーは作戦開始を一九四〇年春とすることとしたが、結局、五月十日に作戦が開始されるまで、作戦の延期は二九回を数えている。

マンシュタイン将軍のプラン

このような状況において、A軍集団司令部のマンシュタイン将軍は、十月二十一日に最初の作戦計画の写しを入手し、この作戦計画に強い危惧を感じた。それは、ベルギーから北フランスの平原において連合軍の主力部隊とドイツ軍が対峙した場合、それ以上進撃することは不可能となり、ふたたび第一次大戦のような持久戦になってしまうということであった。さらには市街地を装甲部隊が進撃することは、その最大のメリットである機動性を損ねてしまい、マジノ線とはまた異なる自然の障害となることも、マンシュタインの危惧であった。

そして、マンシュタインが独自に描いた作戦は、装甲部隊の大半を装甲車両の進撃が不可能と考えられていたアルデンヌ森林地帯に集中してムーズ川を越え、そのままドーバー海峡をめざすというものだった。

いっぽう改定された黄作戦計画書を受けたヒトラーは、その翌日、彼直属の作戦主任ヨードル将軍に対し、アルデンヌ高地のアルロン峡谷を通ってアルデンヌ森林地帯を突破し、セダンを攻撃するというアイディアを伝えた。

そして、カイテル将軍からその可能性の是非を尋ねられた機甲戦の第一人者グデーリアン将軍は、彼の第一次大戦における経験から十分可能と答えた。いっぽうマンシュタイン将軍も、アルデンヌ森林地帯突破に関する可能性をグデーリアンと討論し、その実現は可能という結論をまとめあげて総司令部に提出した。

しかし総司令部は、アルデンヌ森林地帯の進撃は不可能とし

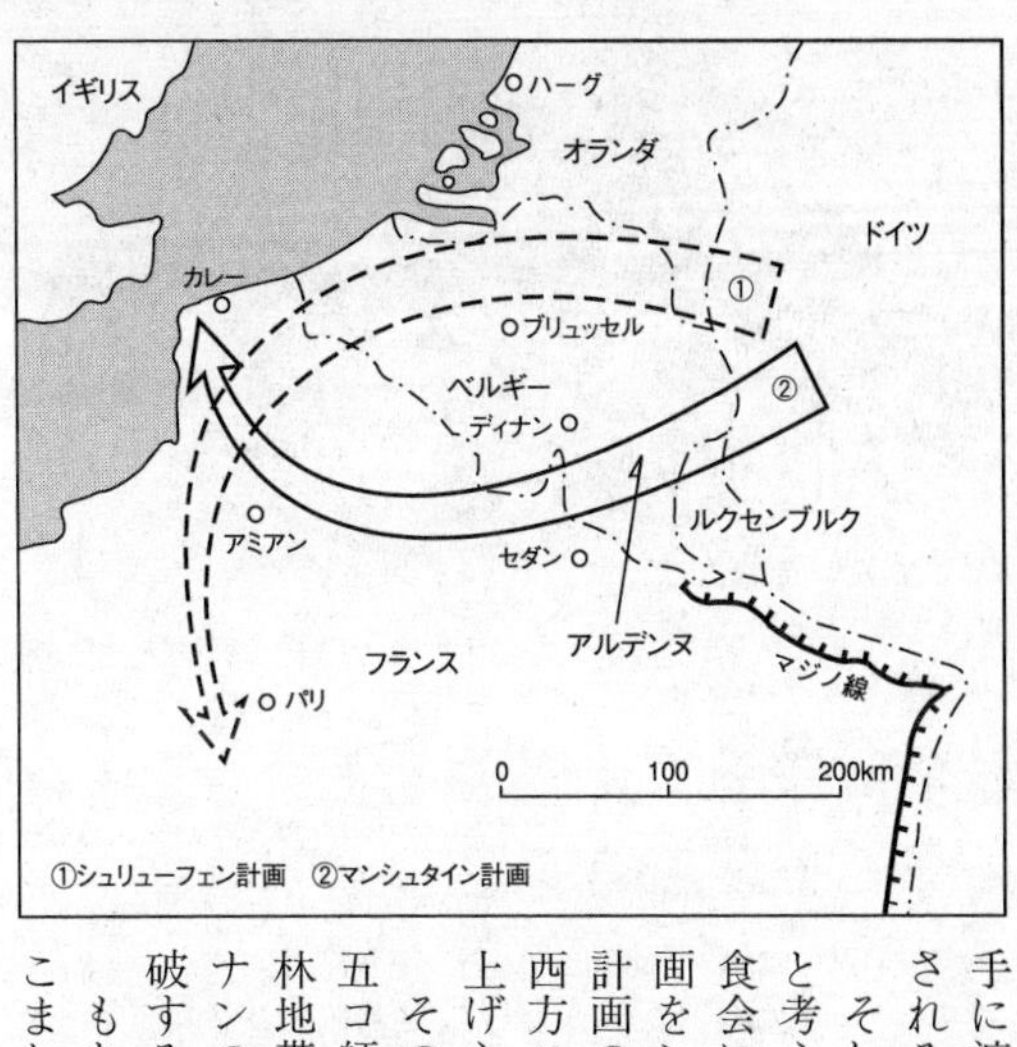

て、彼の作戦を無視し従来の黄作戦に固執し続ける。このような状況下で一九四〇年一月十日、黄作戦の一部である航空艦隊作戦命令書が、ベルギー領内への航空機不時着事故で連合軍の手に渡るという事件が発生したが、作戦は変更されることなく準備が進められた。

そして、当初の計画どおり作戦が遂行されると考えられていた二月十七日、ヒトラーとの昼食会に出席したマンシュタインは、彼の作戦計画をヒトラーに打ち明け、翌日マンシュタイン計画の検討が命じられ、最終的にこの作戦が、西方ヨーロッパ侵攻作戦の最終案としてまとめ上げられた。

その主力となるのは、装甲師団七コを含む四五コ師団を擁するA軍集団で、アルデンヌは森林地帯からフランスのセダンとベルギーのディナンの間を抜けて、一気にドーバー海峡まで突破するというものであった。

もちろん、宣戦を布告した連合軍もただ手をこまねいていたわけではなく、前述のように散

I号B型戦車

発的な攻撃や、イギリスからフランスに派遣軍を送るいっぽうで、D作戦と呼ばれる作戦計画がまとめられた。この作戦は、フランス、イギリス連合軍をベルギーとフランスの国境地帯に進め、そこでドイツ軍を迎え撃つというものであり、その背景にはドイツが、第一次大戦のシュリーフェン計画と同様にベルギーを抜けてフランスに侵攻してくるであろうという推測があった。

たしかに当初の黄計画はこの連合軍の読みどおりで、変更がなければことがうまく運んだ可能性は十分にあった。連合軍の計画では、最終的にドイツがベルギーへの侵攻を開始した時にこれを迎え撃つのは、ベルギー、フランス、イギリス合わせて五三コ師団で、さらに後方に控えている師団も含めると、総兵力ではドイツ軍が侵攻作戦に用意した兵力を大きく上回っていた。

しかし、フランス軍の士気はきわめて低く、イギリスの視察官などは、烏合の衆とまで報告書に記述しているほどで、用意された戦車の数自体は、フランスのみでドイツ軍の作戦投入車数を若干上回っていたが、機甲戦の本質を理解していなかったために、多くの戦車は歩兵支援用として開発されたものであり、

II号F型戦車

対戦車戦闘をおこなうには十分とはいい難かった。
もっとも、これはドイツ軍とて同様で、本質を理解していても機甲化を急ぐあまり、大戦前に大量生産をおこなった非力な武装と貧弱な装甲の軽戦車が、侵攻作戦に投入された戦車の半数以上を占めており、機動性ではフランス戦車を上回ってはいても火力、防御力ともに大きく劣っていたのもまた事実であった。

西方電撃戦時における両軍の兵力比較

ドイツ軍

陸軍・西方ヨーロッパへの侵攻が開始された一九四〇年五月九日にドイツ陸軍が投入した戦力は、A、B、C三コ軍集団の傘下に九コ軍が配され、歩兵師団七四コ、自動車化歩兵師団四コ、装甲師団一〇コ、騎兵師団一コ、山岳兵猟兵師団一コの計九〇コ師団で、これに加えて予備部隊として歩兵師団三九コとSS自動車化師団二コ、SS警察師団一コが控えていた。その兵力は約二〇〇万名とされ、侵攻の主力となる戦車の総数は、I号戦車五五四両、II号戦車九二〇両、III号戦車三四九両、IV号戦車二八〇両、35（t）戦車一一八両、38（t）戦車二〇七

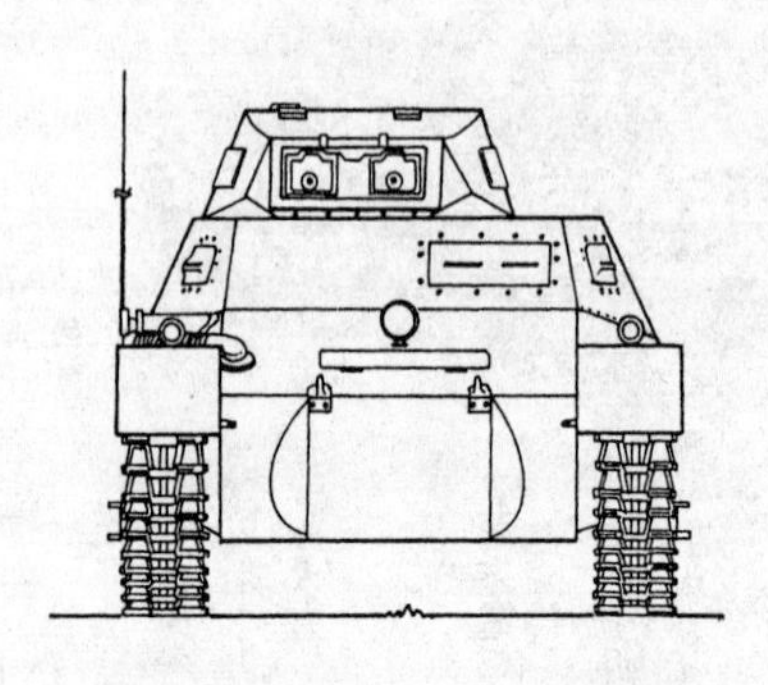

Ｉ号戦車A型（ドイツ）

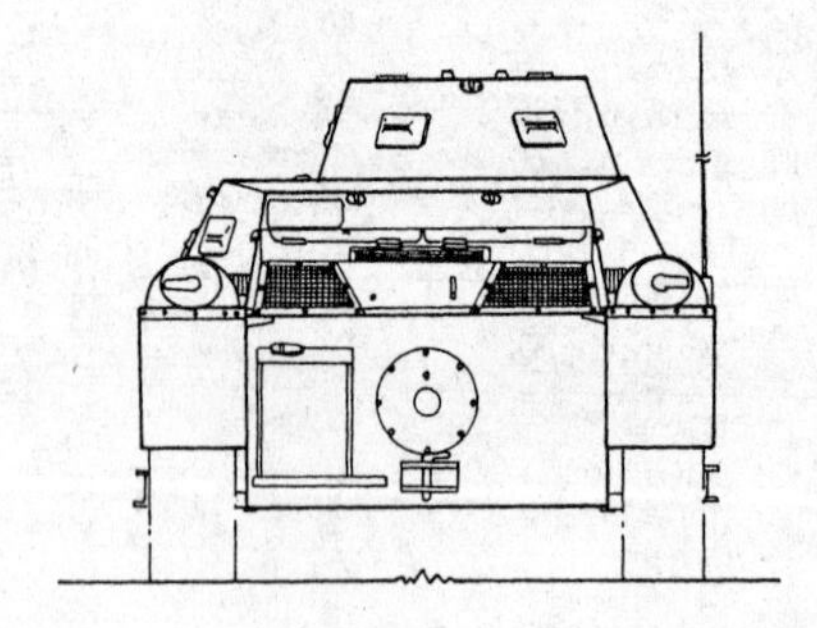

作図／野原 茂

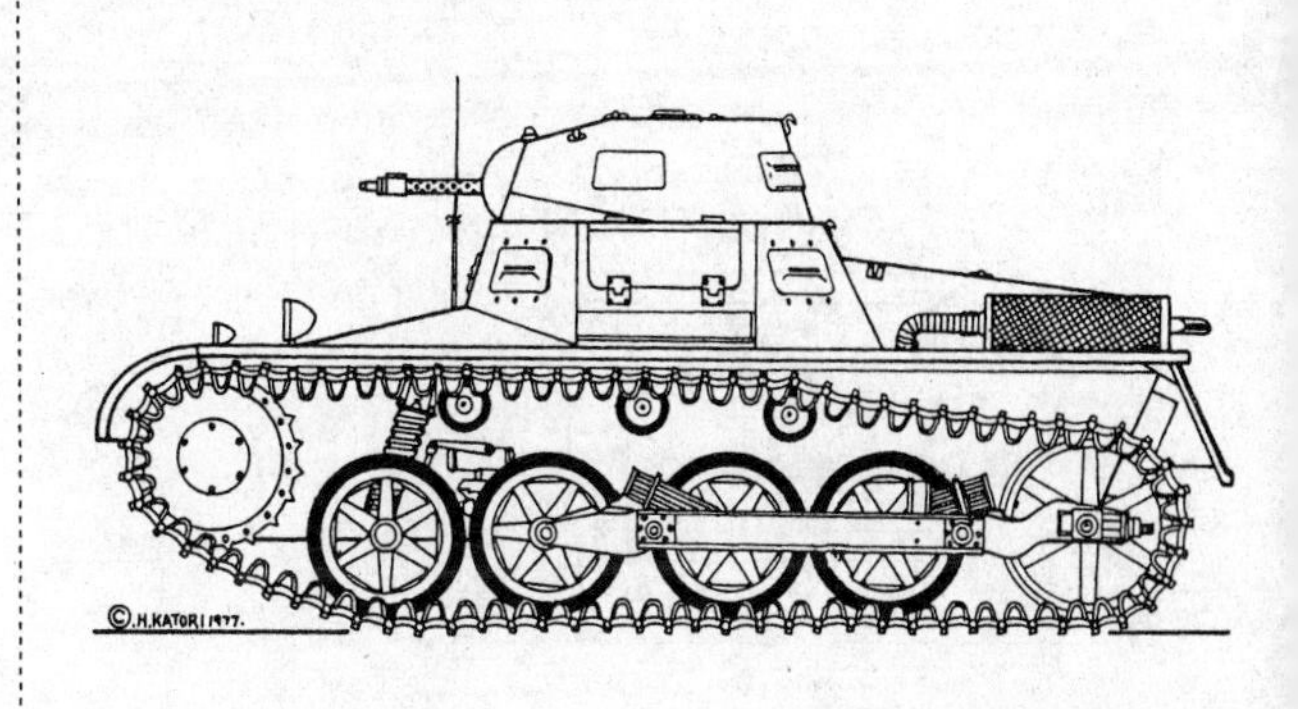
©.H.KATORI 1977.

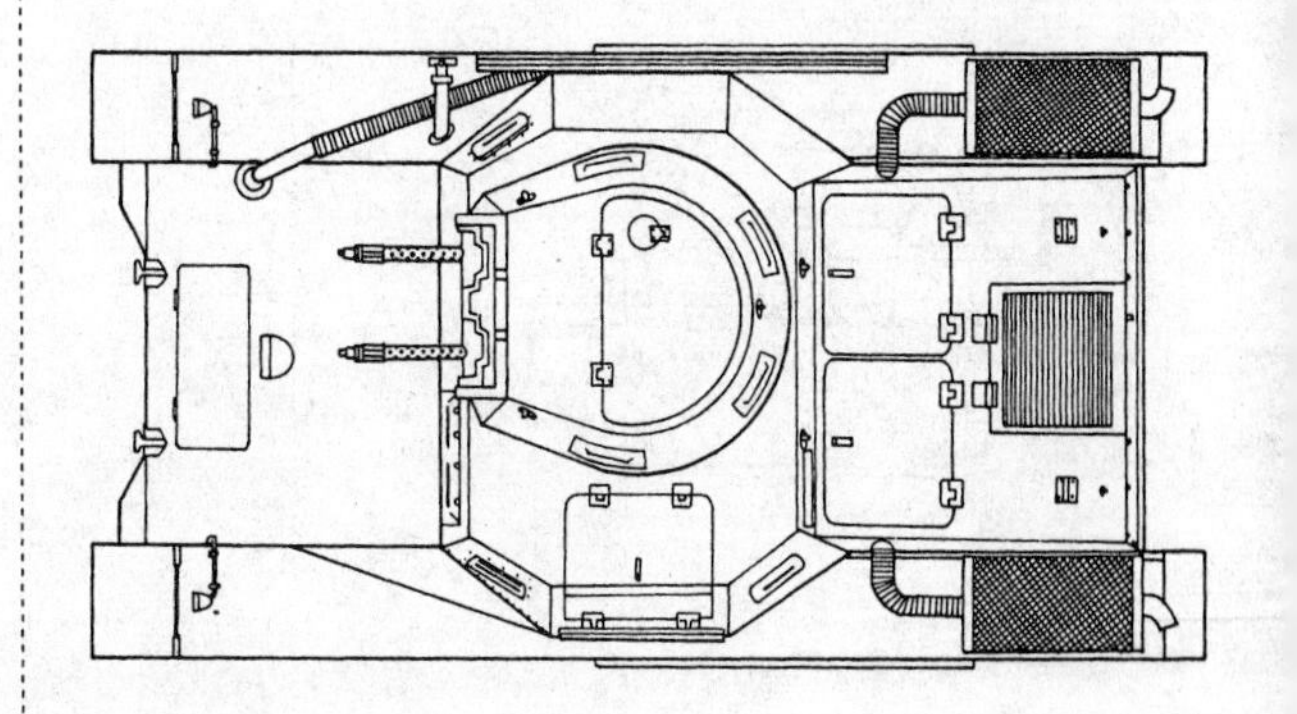

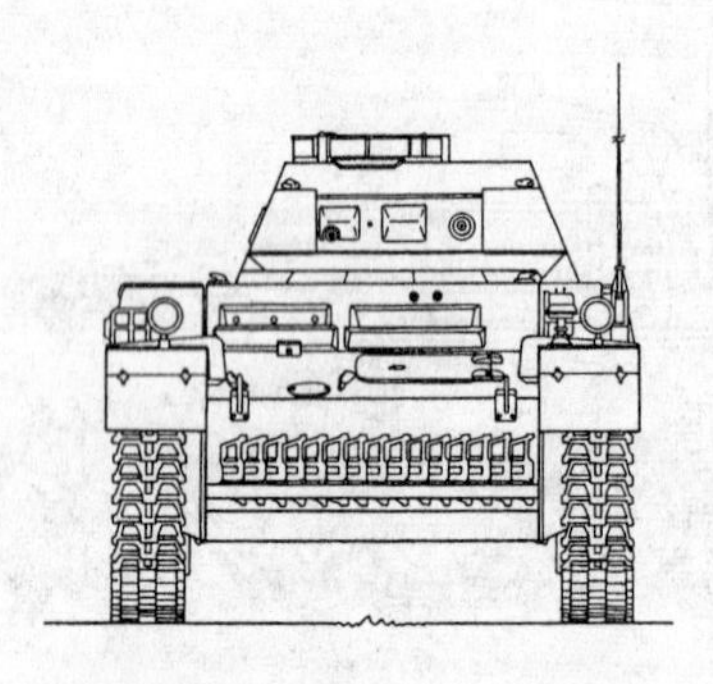

II号戦車D型(ドイツ)

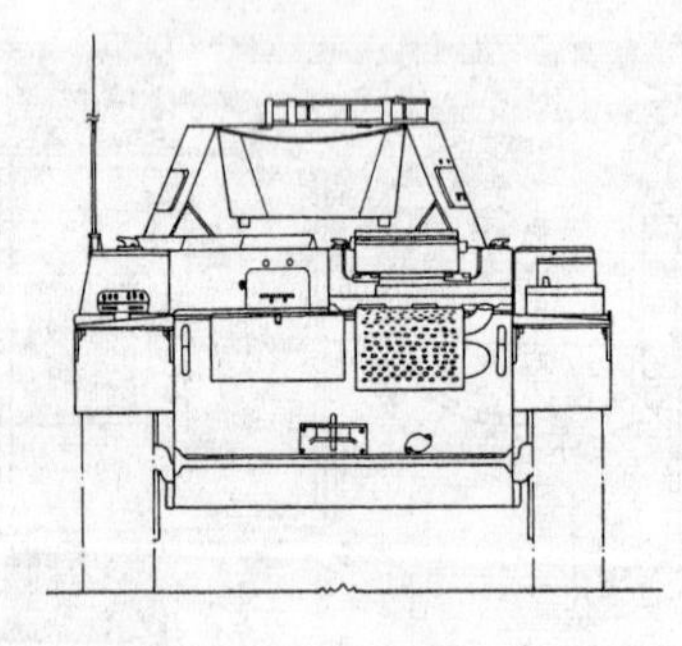

作図／野原 茂

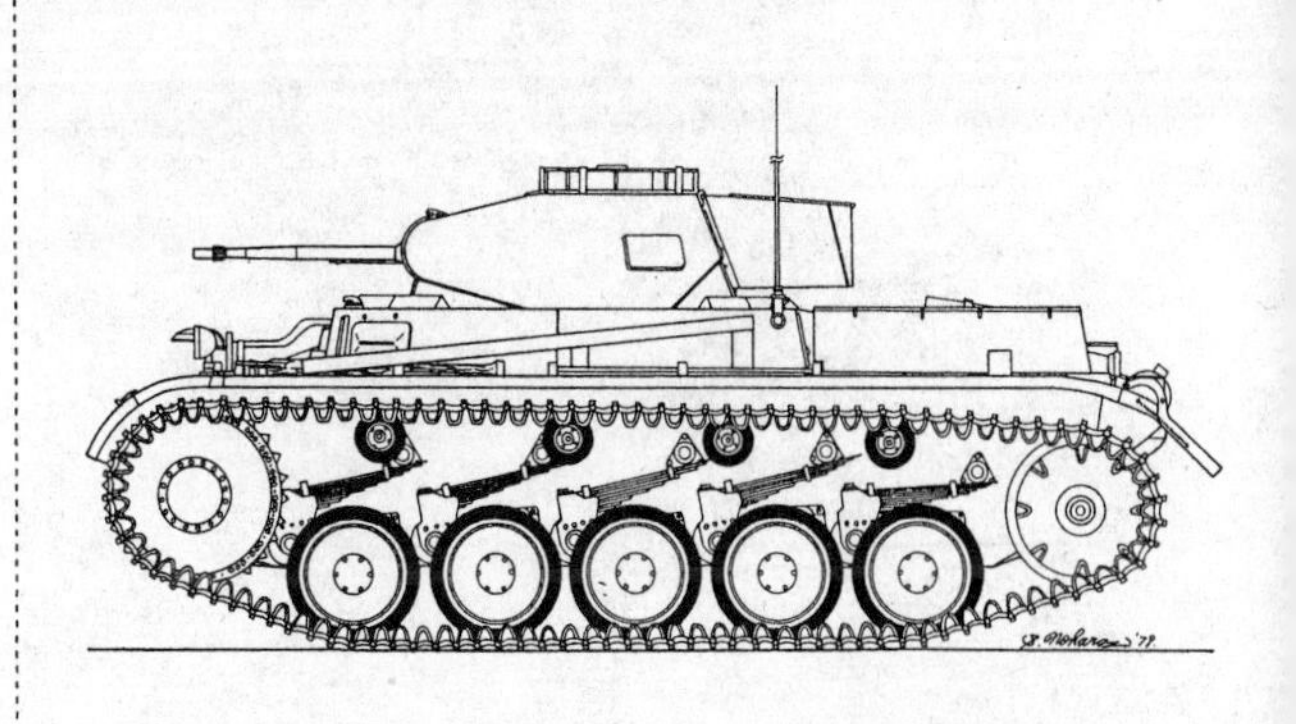

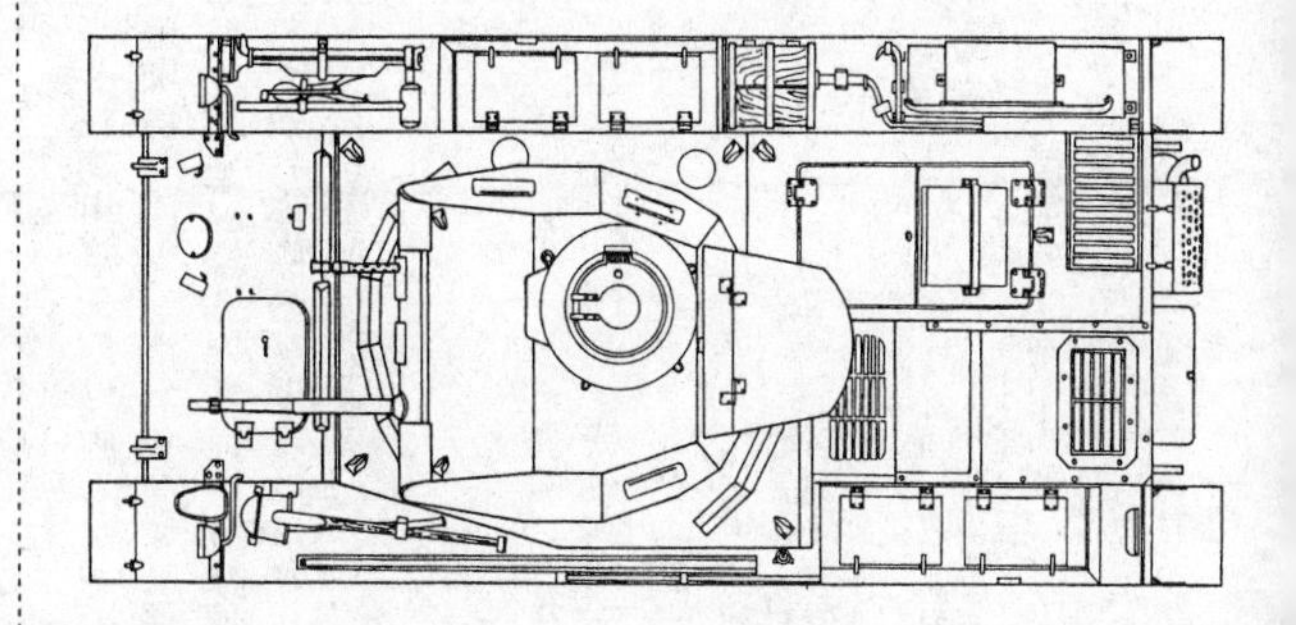

Ⅲ号N型戦車

両、指揮戦車一五四両、突撃砲三六両、自走砲一四四両、各種装甲車約八五〇両、半装軌装甲車三四〇両となっていた。
　空軍：空軍は各種戦闘機一四一二機、各種爆撃機一五七七機、急降下爆撃機三五七機、地上攻撃機四九機、各種偵察機一四二機を侵攻作戦に用意したが、実際の戦闘ではこれに輸送機や侵攻グライダー、連絡機などが参加している。

　フランス軍
　陸軍：主力としてベルギーとドイツの国境の防衛を担当していた東北総軍傘下に、歩兵師団六〇コ、機甲師団三コ、機械化師団三コ、要塞警備師団一三コが配され、兵力約二〇〇万名、戦車合わせて三五〇〇両以上が配備されていた。
　空軍：各種戦闘機五九九機、各種爆撃機約九〇機、各種偵察機約一七〇機。

　イギリス派遣軍
　陸軍：歩兵師団一〇コ、機甲独立旅団一コ、機甲偵察旅団一コで、兵力は四五万名、戦車数は二一二両。
　空軍：各種戦闘機八〇機以上、各種爆撃機五〇機以上、地上

35(t)戦車

直協機二〇機前後。

ベルギー

陸軍：歩兵師団一八コ、猟兵師団二コ、騎兵師団二コで兵力は約六〇万名。戦車数一九五両。

空軍：各種作戦機一八〇機。

オランダ

陸軍：歩兵師団八コ、機動師団一コ、軽歩兵師団一コ、歩兵旅団三コ、各種防御部隊六コ。兵力四〇万名。戦車数不明。

空軍：各種作戦機六一機

このように兵力と戦車数で見れば連合軍がドイツ軍を大きく上回り、いっぽう航空戦力では、ドイツ軍の圧倒的な優位となっていたことがわかる。

しかし、連合軍といっても辛うじて統一がとれていたのはフランスとイギリスだけであり、残るベルギーとオランダは、自国の防衛のみにしか兵力を供することはできず、装備も大きく劣っていた。

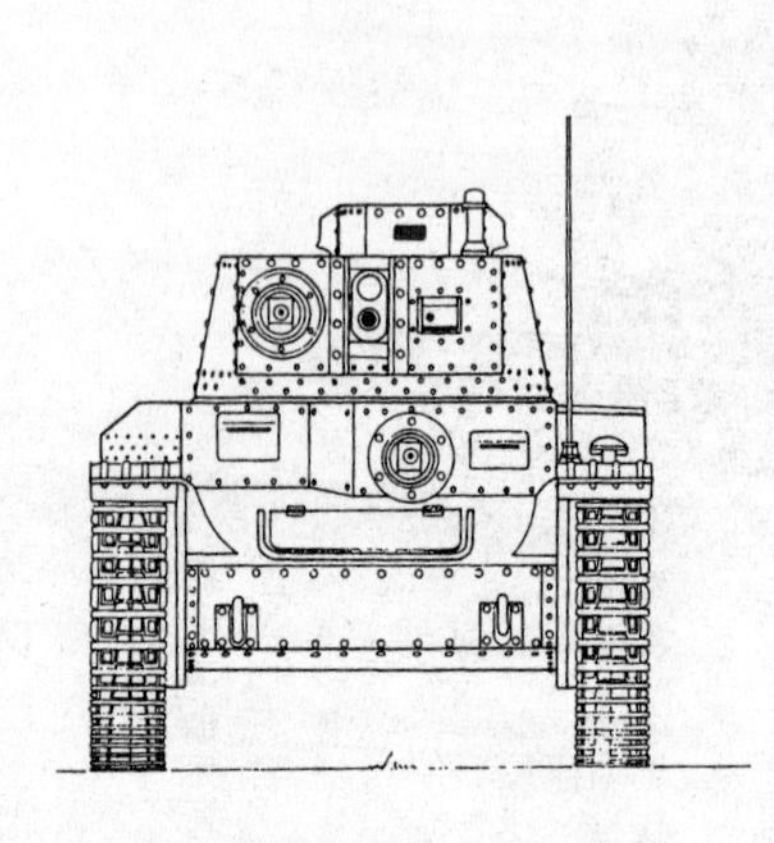

38(t)軽戦車(ドイツ)

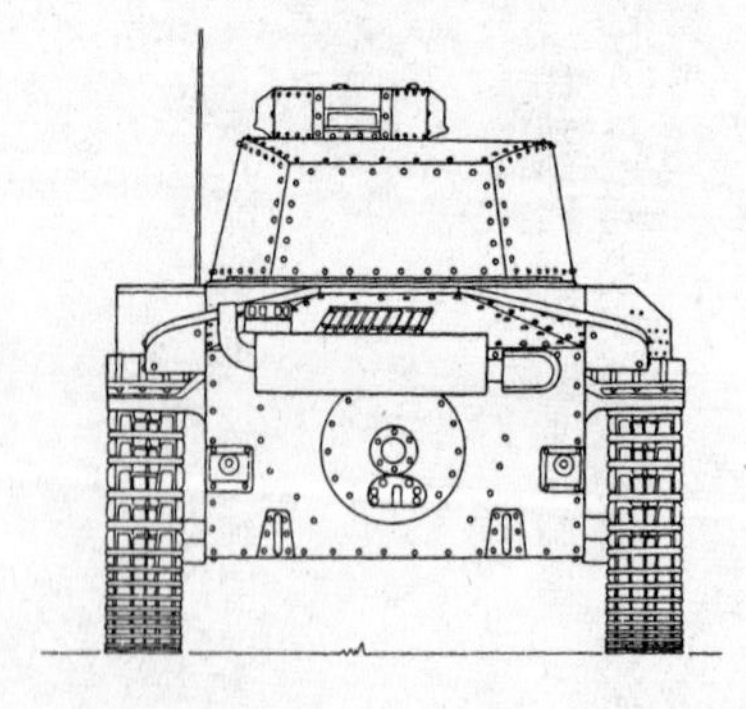

作図／野原 茂

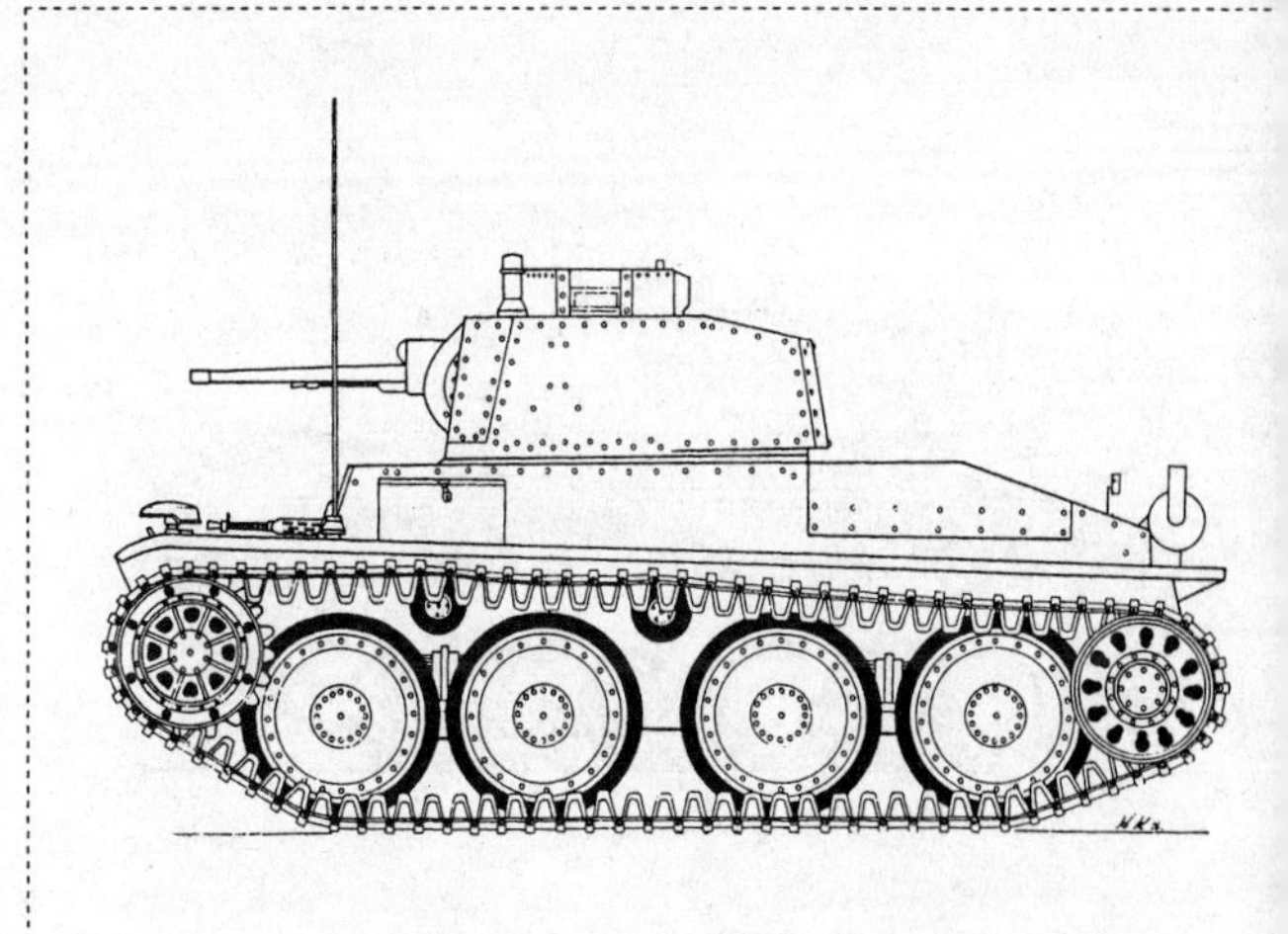

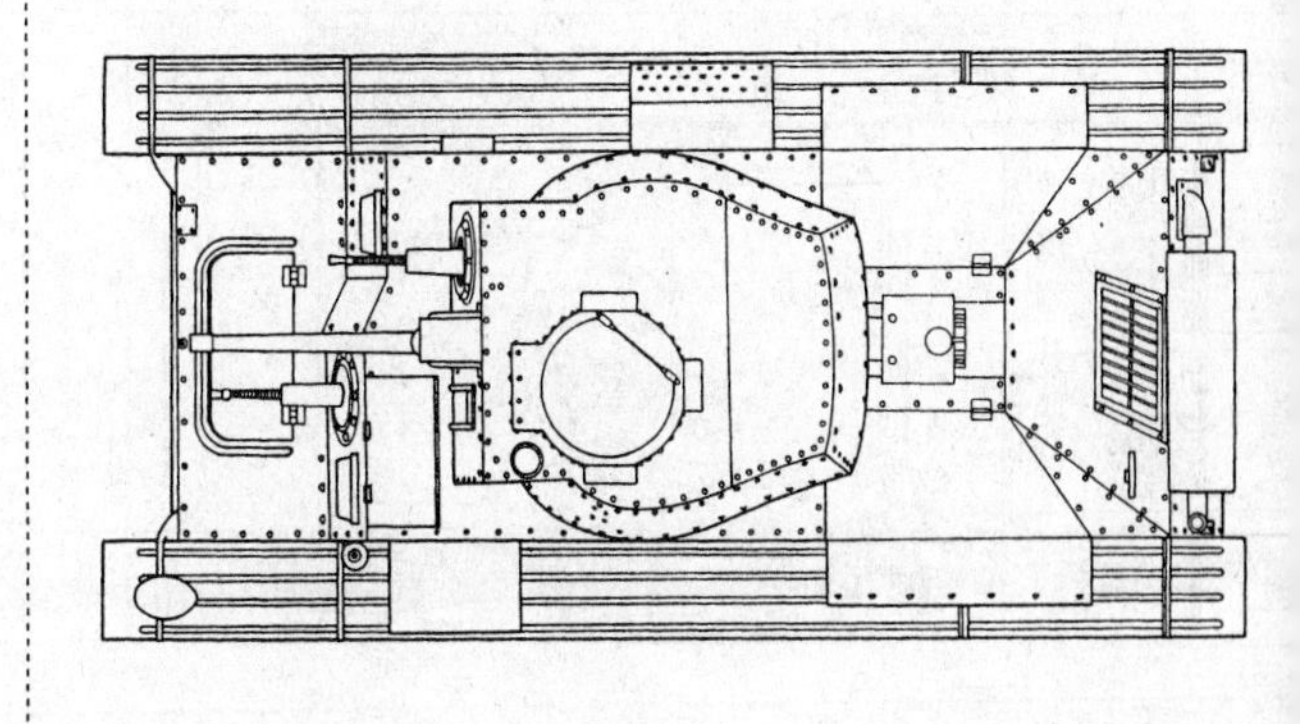

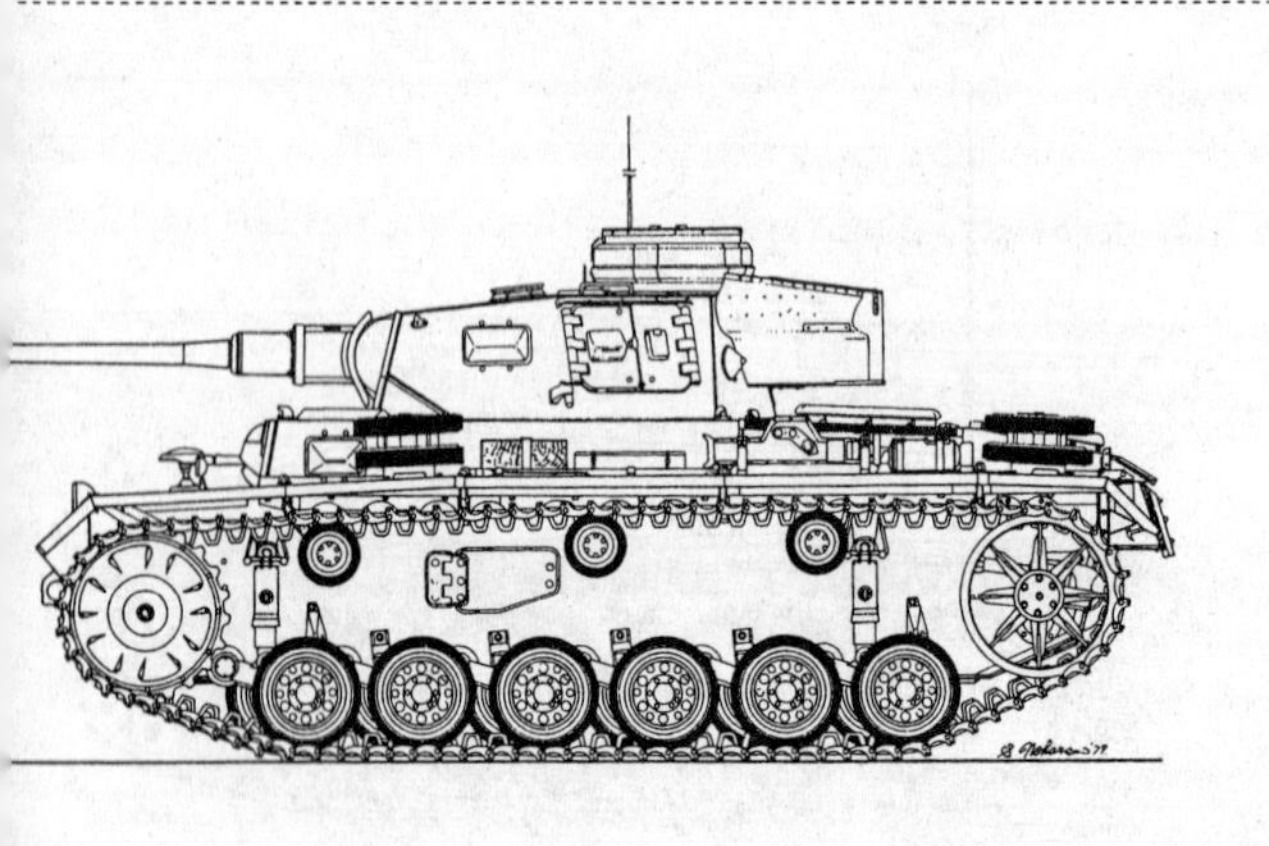

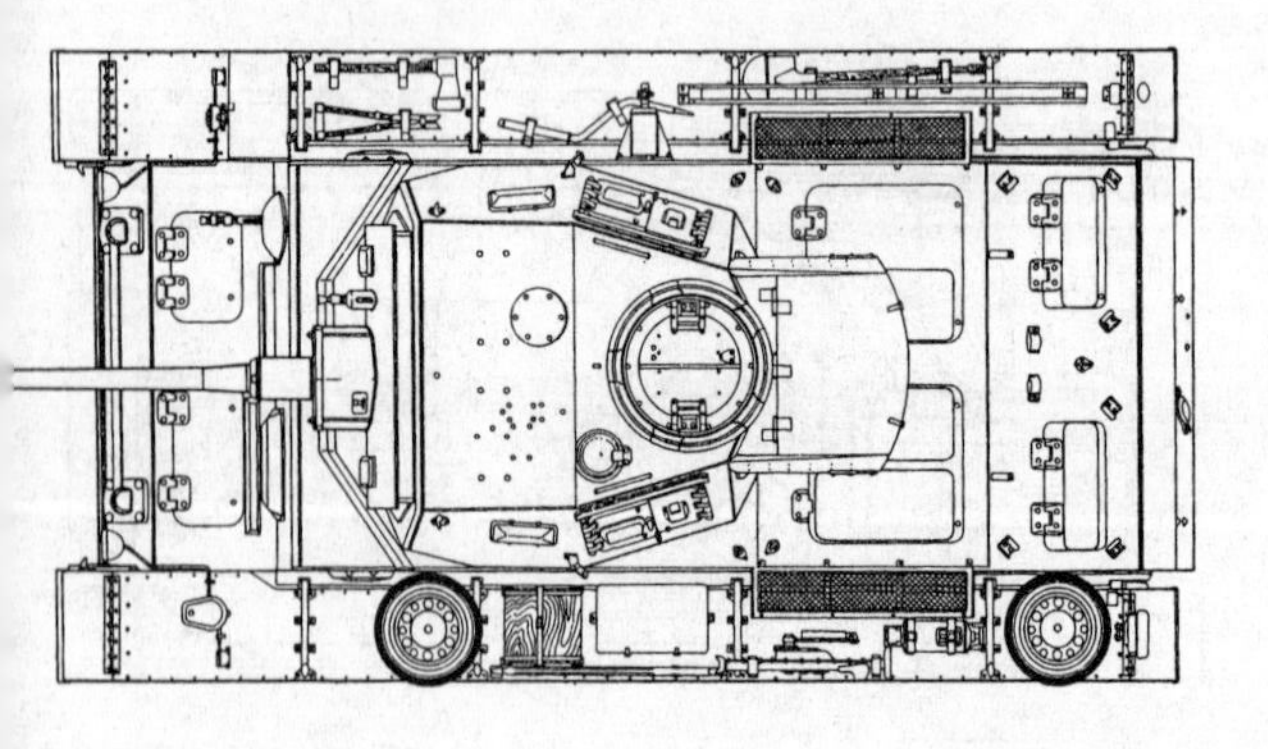

作図／野原 茂

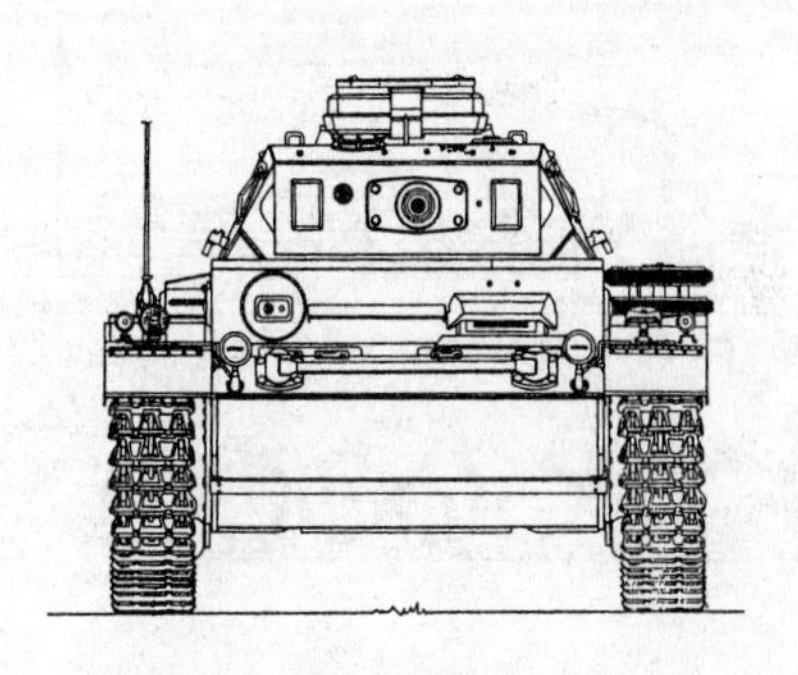

III号戦車J型（ドイツ）

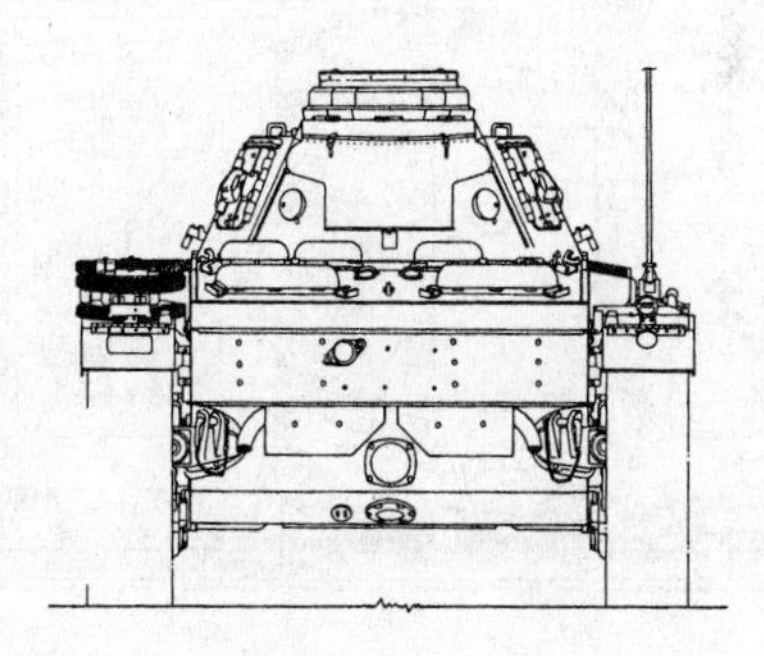

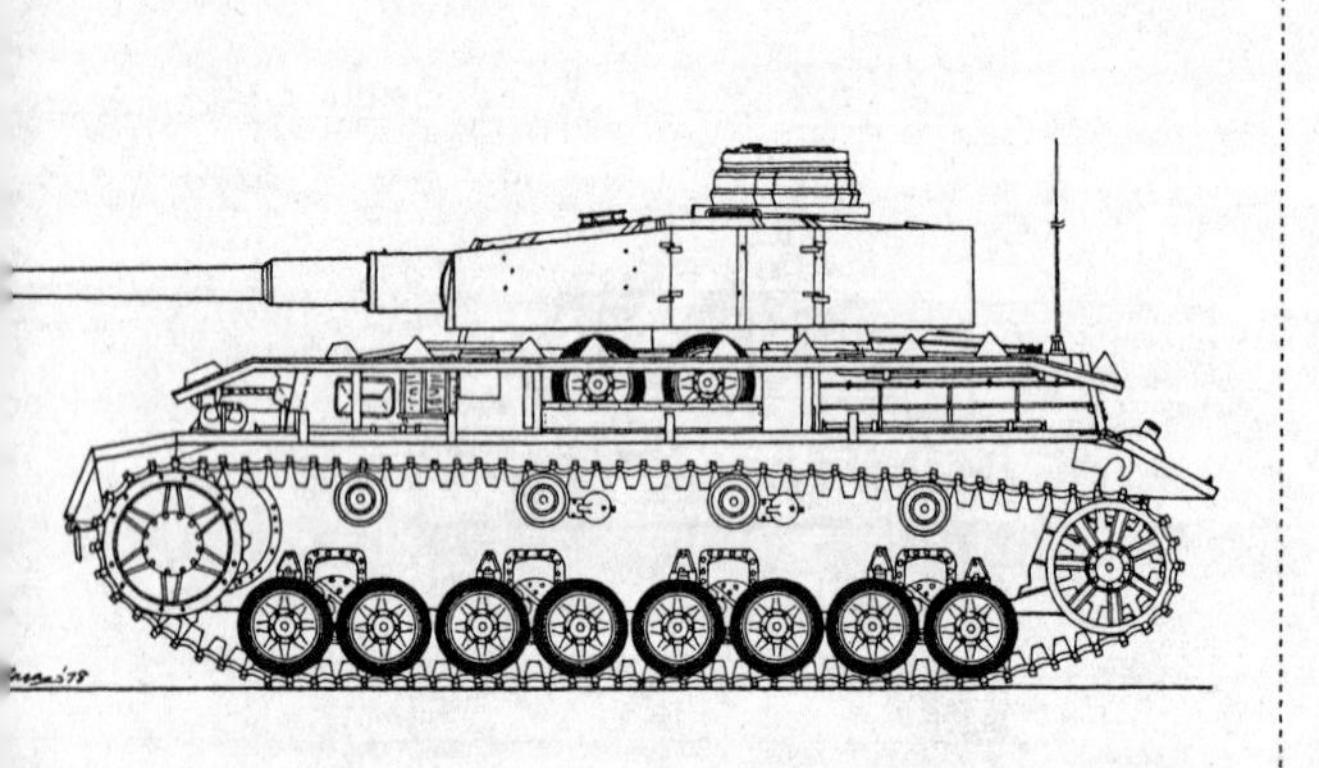

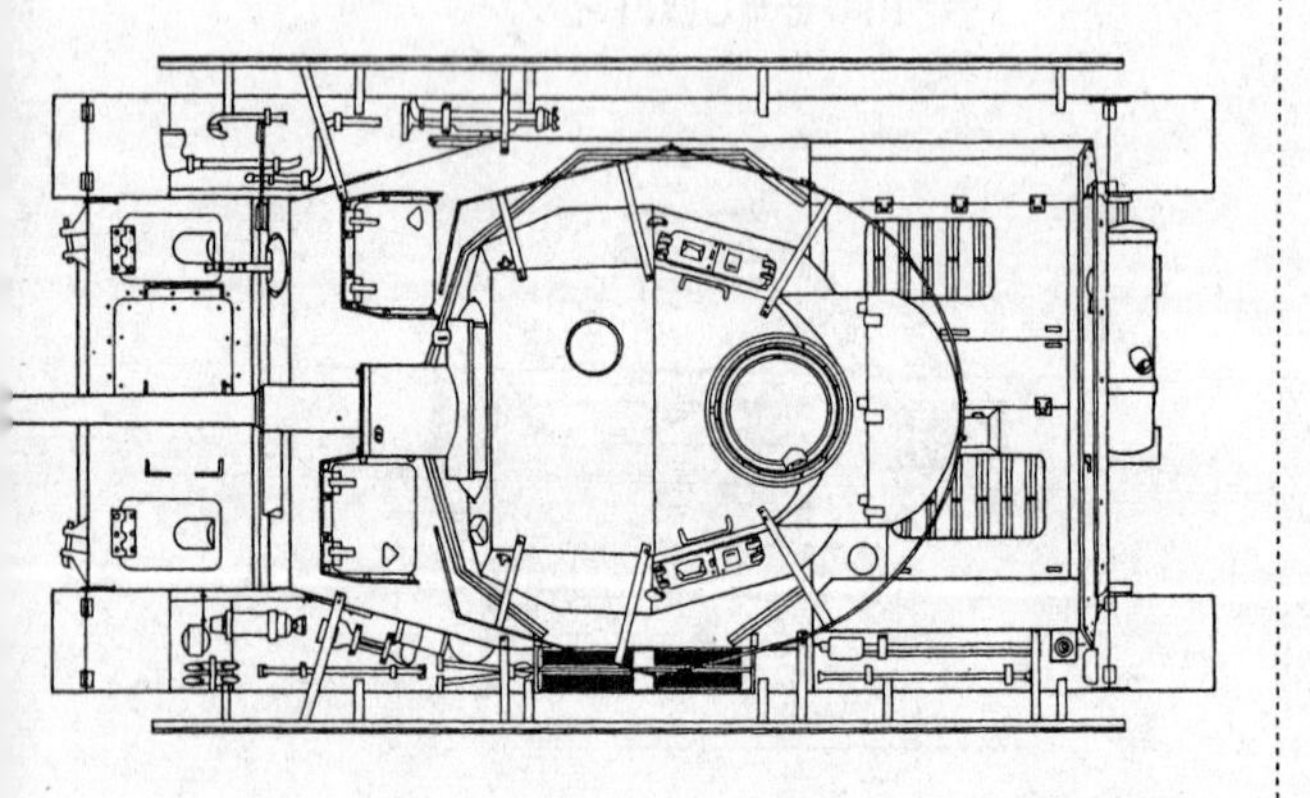

作図／野原 茂

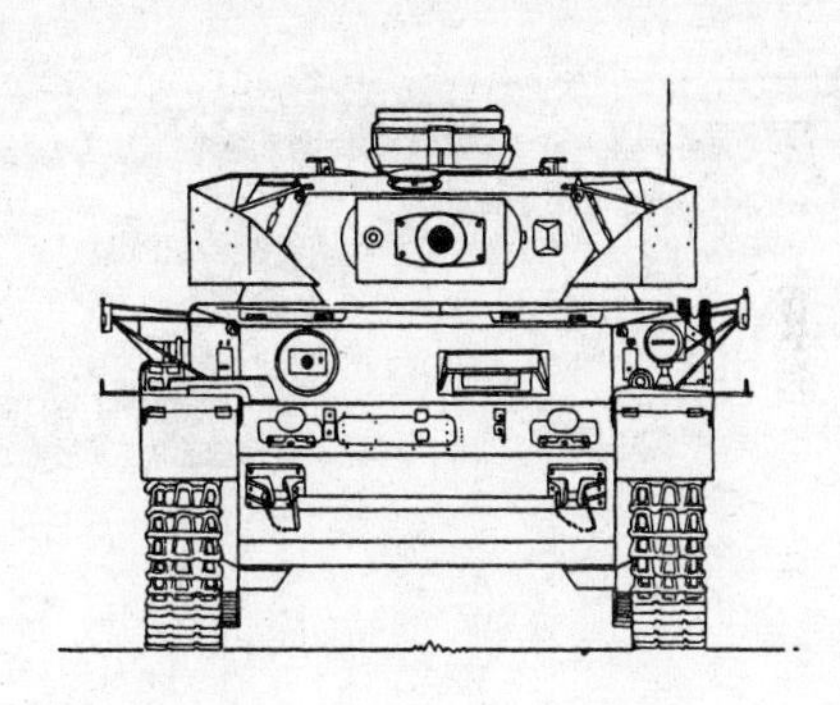

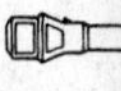

IV号戦車J型（ドイツ）

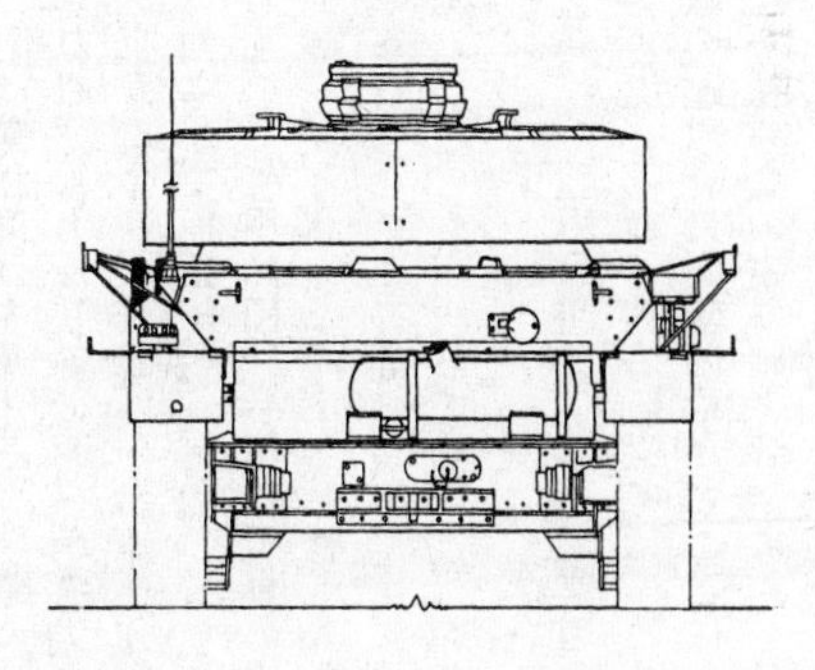

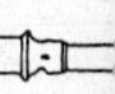

Ｊｕ87スツーカ

航空作戦ではじまった電撃戦

ドイツ軍最初の電撃戦として知られているポーランド侵攻作戦だが、その実態というと、装甲師団を集中して攻撃に用いずに分散して運用し、この結果、兵力や装備で明らかに劣っているはずのポーランド軍の反撃により、予想外の出血を強いられてしまったことはあまり知られていない。

実際ポーランド戦に参加した装甲師団における戦車の損害は平均して二〇〜三〇パーセントと高く、満足な対戦車兵器を装備していないポーランド軍に対してこの高い損害率は、二週間でポーランドを制圧したといっても、決して納得の行くものではなかったことはいうまでもない。

それでも空軍の支援を受けた装甲師団は、単独で運用するよりもはるかに有効な働きを見せ、続く西方戦役では、このポーランド戦で得た戦車部隊の運用を最大限に生かすことになり、その意味では西方戦役こそ初めての電撃戦と呼ぶにふさわしいものであったといえよう。以下真の意味での電撃戦のはしりとなった西方電撃戦の状況をまとめてみたい。

一九四〇年五月十日午前四時三十分、西方電撃戦はまず航空作戦で幕を開けた。爆撃機がオランダ、ベルギー、フランスの

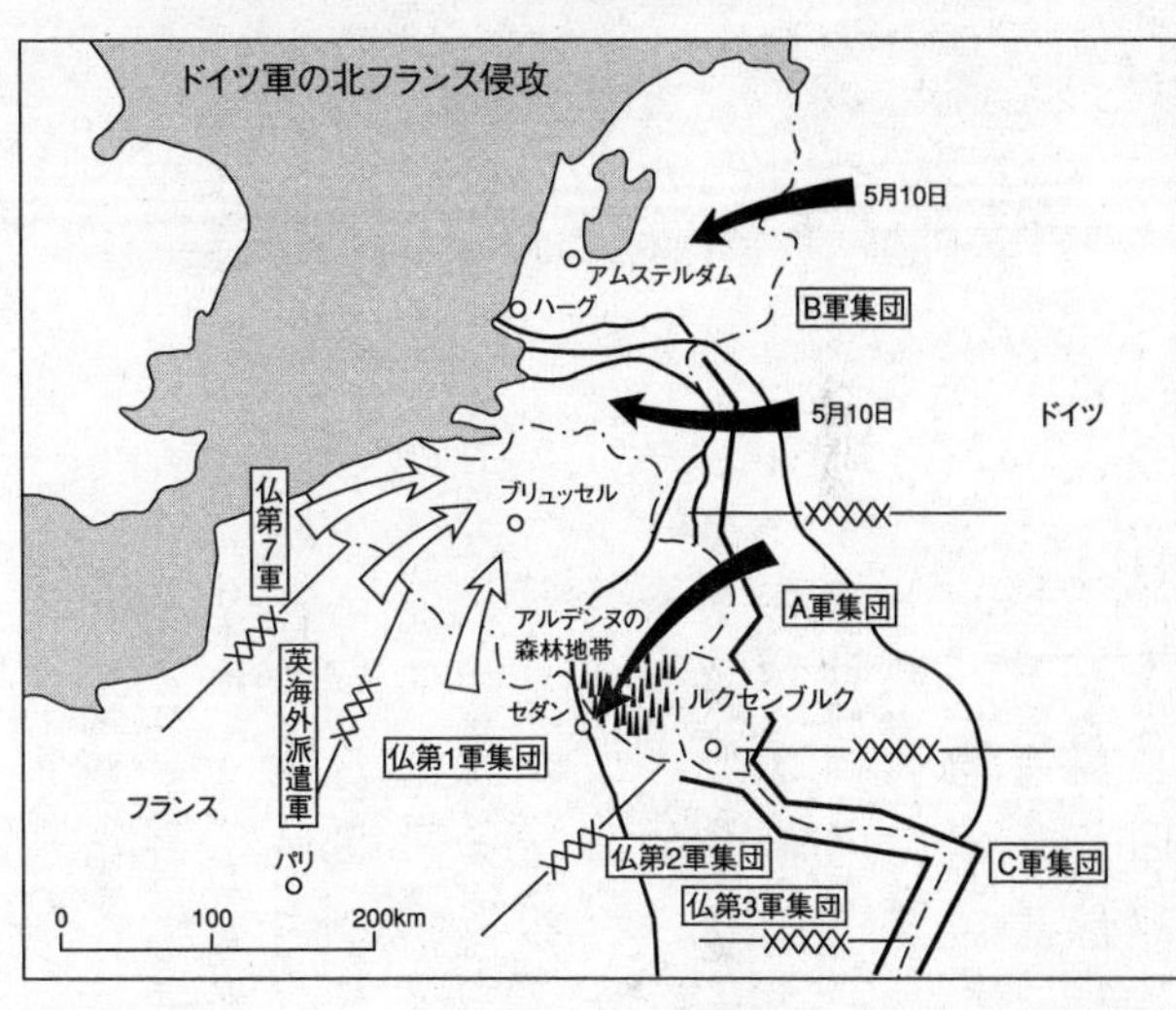

航空基地と主要部に対して爆撃のために出撃し、同時に降下猟兵を乗せた輸送機と、兵員を機内に詰め込んだグライダーがオランダとベルギーの主要拠点奪取のため離陸し、地上では午前五時三十分にフェドール・フォン・ボックス大将率いるB軍集団がオランダおよびベルギーの国境を越えて進撃を開始、そして、作戦の主力となったA軍集団がフォン・ルントシュテット上級大将の指揮の下にアルデンヌ森林地帯に向かって進んでいた。

このように三国に同時に侵攻を開始したため、少々記述が進めづらいため、各国別にその戦闘の推移を述べたい。

まずオランダだが、B軍集団隷下の第一八軍（歩兵師団六コ、SS自動車化師団一コ、騎兵師団一コ、装甲師団一コ）が攻撃を担当し、これに第一降下猟兵師団と第二二空輸歩兵師団が空中から首都ハーグに対する侵攻をおこなった。

空軍機の爆撃に続き、降下猟兵がマース川（ムーズ川）に架かる橋と飛行場を奪取するためパラシュートで降下したが、降下地点を誤って奪取はならず、それを知らずに輸送機を強行着陸させようとした空輸歩兵師団は大きな損害を出して作戦は失敗してしまった。しかし生き残った兵員たちは、反撃のために出動してきたオランダ軍の戦略予備部隊との戦闘を続行し、この予備部隊を首都防衛のために移動させることを不可能とし、これがひいてはドイツ軍の首都攻略を助ける結果となったのは何とも皮肉であった。

〝白旗〟をあげたオランダ政府

いっぽう、主力としてオランダ国境を越えた第九装甲師団は、その快速を生かして、オランダ防御部隊の反撃にあいながらも進撃を続け、特殊部隊による橋の奪取成功や退却するオランダ兵が破壊を忘れた橋を使い、十三日には、一部の部隊がロッテルダム東方の地点まで進出した。

翌十四日には降伏に関する話し合いの場が持たれ、ドイツ軍は降伏しなければロッテルダムを空襲すると強い姿勢で降伏を迫ったが、連絡の不手際によりドイツ空軍機がロッテルダムに対して爆弾を投下、これが引き金となって大火災が起こり、ロッテルダムの中心部は焼け落ちて九八〇名の市民が犠牲となった。

ここにきてオランダ政府も降伏の覚悟を決め、翌十五日午前十一時、防衛軍総司令官ウィンケルマン中将が降伏文書に署名し、わずか五日間でオランダはドイツの軍門に下った。ウィルヘルミナ女王と王室および政府閣僚は、イギリス駆逐艦二隻に分乗して、イギリスへ亡命して難を逃れている。

このオランダ戦には前述のように一一コ師団が参加したが、実際に戦闘の立役者となったのは降下猟兵と空輪歩兵師団、そして装甲師団であり、他の部隊はほとんど戦闘らしい戦闘をおこなわないままにオランダ戦を終えている。

いっぽう、オランダよりもはるかに戦力が大きいベルギーはどうだったのか。ベルギー攻略を担当したのはB軍集団の第六軍（実際にはA軍集団はベルギーへの侵攻をおこなっているが、これについては後述する）で、同軍は傘下に歩兵師団一五コ、装甲師団二コ、自動車化歩兵師団一コを有しており、さらにマース川とアルベルト運河の合流地点に設けられたエベン・エマエル要塞奪取のために、降下猟兵師団から抽出された精鋭によるコッホ突撃大隊が、グライダーによる奇襲のために用意された。

　オランダ同様航空攻撃により侵攻を開始したドイツ軍は、まず一一機のグライダーに分乗したコッホ大隊がエベン・エマエル要塞に対する攻撃をおこなうため離陸した。このさい二機のグライダーの曳航索が切れて脱落したものの、残る九機は要塞付近にぶじ着陸し、降下猟兵たちは火炎放射器と爆薬、手榴弾を用いて攻撃を開始する。

　多くのトーチカを無力化するものの要塞内に立てこもったベルギー守備部隊も必死の抵抗をおこない、そのままでは奪取は無理かと思われたものの、翌朝進撃してきた地上軍の戦闘工兵からの援助を受けて、三〇時間におよぶ戦闘で勝利を収め、立てこもった守備隊約一二〇〇名は降伏した。

　これとは対照的に二コ装甲師団を主力として進撃する地上軍は、ベルギー軍の反撃ものともせずに前進し、エベン・エマエル要塞攻撃以外のコッホ突撃大隊の手により占拠されたアルベルト運河に架かる橋をわたってベルギー中心部に向かった。

　しかし十二日にディール防御線のベルギーに派遣されていたフランス第二、第三軽機械化師団との間で戦車戦がおこなわれ、

西部戦線において、フランス軍が撤退した村に突入するドイツ兵士。大戦初頭のポーランド戦の戦訓を生かした、見事な電撃戦がくり広げられた。

この戦闘でフランス軍の新鋭ソミュアS35戦車の前にドイツ軍の軽戦車は大きな損害を出した。

翌十三日も戦闘は継続しておこなわれたが、ここでは急降下爆撃機の支援を受けたドイツ軍戦車部隊がフランス戦車を圧倒し、フランス軍は後退を余儀なくされた。この戦闘では戦車の数でドイツ軍が倍以上の戦車を保有していたものの、その半数以上は非力な軽戦車であり、実力的にはフランス戦車部隊の方がドイツ軍を圧倒していた。にもかかわらず、ドイツ軍が勝利を収めたのは、空軍の支援を有効に用いたことと、戦車を集中配置して攻撃したからであった。対するフランス軍は戦車を分散配置しており、必要な箇所に集中できなかったのが敗因となった。

続く十四日には、ベルベとマルシュ間に設けられた防御線を突破して、十五日には対峙したフランス軍とイギリス派遣軍との戦闘に明け暮れたが、これら連合軍部隊はA軍集団がアルデンヌの森林地帯を突破してベルギーに侵攻したため、この対処として翌十六日にはムーズ川の防衛線に向かって撤退、ここにベルギーの運命は決まった。怒濤のごとく押し寄せるドイツ軍をとどめる力はベルギーに求めるすべもなく、後退戦を続けるしかなかった。

十五日には首都ブリュッセルに対する攻撃を開始したが、A軍集団を支援するために北フランスへの移動を命じられひとまず首都への危機は去った。

しかし、もはや散発的な抵抗しかできなくなったベルギーは、五月十七日、国王レオポルド三世は降伏を決意し、同日午後十一時にドイツ軍の無条件降伏勧告を承諾、翌十八日午前四時、ベルギーでの戦闘は終了した。この結果、B軍集団は連合軍を追ってダンケルク方面への進撃に作戦を転じることが可能となり、連合軍に対する重圧はさらに高まることになった。

発令された「西方侵攻」作戦

ドイツ軍の西方ヨーロッパ侵攻作戦において最大、そして最強の目標となったのがフランスであった。ベルギーやオランダは防衛部隊といった程度の戦力しか擁していなかったが、フランスはヨーロッパでも軍事大国として認識されており、ドイツ軍もフランス侵攻に最大の戦力を割いている。

その中心となったのはA軍集団であり、その傘下には歩兵師団三四コ、装甲師団七コ、自動車化歩兵師団三コ、山岳猟兵師団一コ、自動車化連隊一コからなり、その主力は五コ装甲師団を持つクライスト装甲集団と二コ装甲師団を備える第一五装甲軍団であった。

さらにこのA軍集団の左翼にはフォン・レープ上級大将に率いられた一九コ歩兵師団を配されたC軍集団が位置しており、マジノ線を前に対峙するフランス第二軍集団（七コ歩兵師団を中心としていた）に対して欺瞞行動をおこなうことでクギ付けにしてA軍集団の作戦行動を支援していた。

B軍集団がベルギーとオランダへの侵攻を開始すると、ドイツ軍の読みどおりフランス、イギリス派遣軍は急遽ベルギーに向かって北上を開始した。

この作戦に先立ち、ブランデンブルク大隊の兵が民間人を装ってアルデンヌ森林地帯の橋や要所に仕掛けられていた爆弾の処理をおこなっており、五月十日午前五時三十五分に始まるA

ソミュアS35戦車

軍集団の作戦行動を助けた。これが功を奏したのか、同日午後にはアルデンヌ森林地帯を突破したA軍集団はベルギーの南東の国境に突如姿を現わし、ベルギーとフランスの守備部隊を蹴散らし怒濤の進撃を開始した。

グデーリアン大将率いる第一九装甲軍団は十二日にはセダン付近においてムーズ川まで達し、翌十三日ムーズ川左岸への渡河を開始し、十五日までのセダンをめぐる戦闘において防衛任務に就いていたフランス第二軍と第九軍を撃破して、約八五キロにも達する突破口を開けることに成功した。

この攻撃には空軍の急降下爆撃機がセダンの攻撃に威力を発揮し、攻撃終了後に戦車がセダンに対する攻撃をおこなって正面突破に成功した。不思議なことにフランス空軍はこの日、セダン上空に一機も姿を見せず、早くも通信網が崩壊し始めていたことをうかがわせている。

同様に隷下の部隊はそれぞれの渡河地点でムーズ川を渡り、橋頭堡を築いてフランス軍の防衛部隊を後退させている。そして十五日からは、退却する連合軍を追ってドーバー海峡に向かって西方に攻撃進路を変更してさらなる進軍を開始した。

マチルダII歩兵戦車

ヨーロッパのほぼ全土を手中に

この追撃戦において、ロンメル将軍率いる第七装甲師団は五月二十一日、アラス付近においてフランス第三軽機械化師団とイギリス派遣軍第四、第七機甲連隊の戦車と戦闘を演じたが、これが西方電撃戦における最大の戦車戦とされているアラスの戦いであった。

これを最後とばかりに連合軍は残存する戦車（ソミュアS35、マチルダI、II）を集結させて、ドイツ軍に反撃を加え、火力こそ非力なものの、強力な装甲でドイツ戦車の攻撃をものともせずに、行動を共にしていたドイツ軍の歩兵二コ連隊に大損害を与え、ドイツ軍戦車も二〇両以上が撃破されてしまった。

しかし、この危機は八・八センチ高射砲の水平射撃により救われ、多くの残骸を残して連合軍戦車は退却し、以後組織だった行動は不可能となった。辛うじて勝利をおさめたドイツ軍だが、この戦いの戦訓は以後のドイツ戦車開発に大きな影響を与えることになる。

五月二十四日には第一九、四一装甲軍団はソンム川を渡河してサン・カタン地域に展開していたイギリス第一軍とフランス第一軍の背後を衝き、二十七日には第一九装甲軍団がカレー地域を奪取し、なすすべのなくなった連合軍はダンケルク海岸に集結して、イギリスより送られた各種船舶による撤退作戦ダイナモを二十七日から開始した。

本来ならば、このダンケルク海岸に殺到して連合軍を殲滅しなければならないドイツ戦車部隊であったが、戦車部隊だけが突出して戦闘をおこなっていることに危惧を感じたヒトラーが、後方部隊が到着するまで一時進撃停止を命じる。

これに対してグデーリアン将軍らは、大反対をしたものの決定を覆すことはできず、ダンケルクの海岸を包囲する形で各装甲師団はストップし、空軍機による攻撃のみが実施されたものの、連合軍将兵の大半は救出されてイギリスに逃れることに成功した。その数三三万八〇〇〇名。これはヒトラーの大失態といわれても仕方あるまい。

しかし、フランスにはまだ約六六コ師団が残存しており、無論まだ降伏などは考えていなかった。このため、六月初めから兵力の再編成を実施し、六月五日から第二次フランス戦の実行が計画された。

この第二次フランス戦は、パリを頂点とするフランス中央部に対する攻撃作戦であり、A軍集団はフランスとルクセンブル

1940年5月、ダンケルクから撤退するイギリス軍兵士。突出した機甲部隊をヒトラーが制止したため、連合軍は英国本土への脱出が可能となった。

クの国境地帯からフランス全土を南進し六月九日から行動開始、B軍集団はドーバー海峡上に南進しながら首都パリを狙い五日から作戦開始、第一次フランス戦では陽動部隊となって作戦に参加しなかったC軍集団は、マジノ戦を突破してエピナルをめざし十四日に行動開始と定められた。

六月五日未明、予定どおりドイツ軍は攻撃を開始し、七日には先遣部隊がルーアン付近において早くもセーヌ川に達した。しかしフランス側の反撃も以前にまして激しくなり、前進速度は大きく鈍り十三日までドイツ軍は思うように進撃できなかった。しかし、勝敗はすでに決しておりフランス軍の抵抗ももはやここまでが限界であった。

十日には、フランス政府がパリ無防備都市宣言を出し、同日、漁夫の利を狙ってイタリアがフランスに対し宣戦を布告した。十三日にセーヌ川の防衛戦線が破れると抵抗は弱ま

1940年６月22日、フランスは休戦調印を行なった。ドイツ側が指定したコンピエーニュの森は、第一次大戦の休戦調印が開かれた同じ所であった。

り、各ドイツ装甲師団はわれ先にとソンム、セーヌ、そしてマルヌ川と渡って十四日にはパリ入城を果たした。

そして十六日にレイノーに替わって、首相の座に就いたペタン元帥が、翌十七日にスペインを介して休戦を求める。これを受けて二十二日にドイツは休戦に関する条件を提示し、会談の場所としてコンピエーニュの森が指定された。この地こそドイツが第一次大戦の休戦調印をおこなった屈辱の場所であり、ご丁寧にもドイツは、その休戦調印に用いられたフォッシュ元帥の寝台車を持ち出し、さらにヒトラーは当時の休戦条約に際して、フォッシュ元帥が腰を下ろした席に当然のごとく座り、休戦条約に調印した。

こうしてわずか一ヵ月強で西方電撃戦は終了し、ドイツは中立国を除いたヨーロッパのほぼ全土を手中におさめることになる。

まさしくこの時こそ、ヒトラー最良の日であったことは間違いない。西方電撃戦におけるドイツ軍の戦死者は約四万名、負傷者は一六万名を数え、失った戦車は七七九両であったが、ポーランド戦線の四一九両とくらべて、作戦期間が倍以上であったことを考えると、その損害は軽微であった。

いっぽう、フランス軍の損害は戦死約一〇万名、負傷約一二万名、そして捕虜約一五〇万名を数えた。これ以後四年の長きにわたるドイツ支配が幕を開けたのである。

史上最強ソビエト自動車化狙撃師団

藤井 久

第2章

2

■独ソ戦の血の教訓

火力と機動力を重視した圧倒的な機械化部隊の誕生

一五〇コの自動車化狙撃師団

現代の機械化部隊とは、装甲化された歩兵と戦車とを中核とし、高度な防護力と機動力をもった砲兵や工兵などに支援された諸兵科連合部隊といえる。この機械化部隊の場合は歩兵の比重が大きく、逆に戦車の比重が大きい場合は、機甲部隊と称するのが一般的であろう。

ソ連地上軍でこれに相当するものは、自動車化狙撃部隊である。ロシア語でいえば、マタ・ストレバコーヴァヤ――単なる自動車化された狙撃兵かと思われがちだが、これは内戦時の伝統を継承する意味でこう呼ばれているだけで、実質は世界でトップに位置する強力な機械化部隊といってよい。

ソ連地上軍は八〇年代後半、一五〇コの現役自動車化狙撃師団を保有している。一〇年ほどで二〇コ師団が増加したようだが、他方、戦車師団は五〇コのレベルのままである。

これは、核脅威下でも、ゲリラ戦状況下でも、十分にその戦力を発揮し得るとされる自動車化狙撃部隊が、ソ連地上戦力の中核となっていることの証左であろう。

この自動車化狙撃師団三コ、戦車師団一コ、砲兵旅団一コを編組して軍（諸兵科連合軍）とし、さらに軍三コ、戦車軍一コ、砲兵師団一コ、空挺師団一コ、航空軍一コとを編組して方面軍としており、これを一方面の作戦に投入する。

この膨大な機械化部隊は、ここ七〇年のあいだに、しかも、まったく零の状態から出発して築きあげたのである。

一九一四年八月、ロシアはドイツと交戦状態にはいった。第一次大戦のはじまりである。

ロシアの動員速度は予想以上に早く、ドイツ軍を圧倒するかに見えたが、八月末のタンネンベルグ会戦で大敗した。その後もロシアは、戦略的には攻勢を維持していたが、戦術的にはつ

1919年にフランス軍から輸送されたソ連初のルノーFT型戦車

ねにドイツに主導権をにぎられていた。

その秘密は、ドイツ軍が一五センチ榴弾砲を運動戦に活用できたことにあった。いかに大兵力を投入しても、それが鈍重な歩兵だけでは、機動力と大火力をもつ敵には勝てないことを、ロシア軍は痛感したことであろう。

一九一七年にロシア革命がおき、一九一八年三月にはブレスト・リトフスク条約をドイツと結び、ロシアは連合軍の戦線から離脱した。これを連合軍は裏切りとみなし、反革命の白衛軍を支援するばかりか、直接に武力干渉もした。

全方向から包囲されたソビエト政権は、内戦の利を徹底的に追求しないかぎり生きのこれないことを認識していた。それには、まず機動力である。トロツキーは、「プロレタリアートよ、馬に乗れ！」と大号令したが、これは赤衛軍に機動力をという切実な叫びであった。

内戦当初、赤衛軍には、戦車や装甲車といったものは、何一つなかった。しかし、白衛軍を撃破し、外国干渉軍が撤退していくにしたがい、ルノー軽戦車やホイペット中戦車などの装甲車両を鹵獲するようになった。

これをもって装甲グループを編成し、各部隊、主に騎兵部隊

クリスティーM－1940型戦車

に配属していった。一九二一年五月、ソビエトの正規軍として労農赤軍が創設された時点で、鹵獲した各種装甲車両は一〇〇両ほどであったという。

零からはじまり、ささやかな第一歩が、ここにしるされたのである。

一九二〇年にはいって、国内戦は終息にむかったが、四月にはポーランドとの戦争に突入する。このもっとも苦しいとき、ルノー軽戦車のコピーであるKS戦車の生産にはいり、一九二二年に一五両を取得した。これがソ連戦車生産の最初である。

一九二二年四月、ドイツとラッパロ条約を結び、その秘密協定のなかで軍事協力が約された。これにもとづき、カザンで独ソ両軍が協力して機械化・機甲部隊の研究にのりだした。そして一九二三年、参謀本部内に機甲部隊中央本部を創設し、くわえて国防人民委員部内に軍需工場総本部を創設した。

こうして、ソフトとハードの両面で、強力なトップダウンの体制を確立したのである。

このころは、決戦兵力としての機械化部隊という独創的な思想はなく、戦車や装甲車を、装甲をかぶった騎兵という認識しかなかったであろう。それも無理ないことであり、当時の世界

快足戦車として1931年に完成し、最初の量産型となったBT2

的傾向でもあった。

しかも、内戦で最大の戦果をあげたのは騎兵であり、赤軍の首脳は騎兵科出身で占められていたのである。

しかし、一九二八年から第一次五ヵ年計画がはじまり、同計画中にMS軽戦車が九六〇両も生産された。こうなると、この戦車を活用した機械化部隊ができないものか、という考え方が浮かびあがってくる。ソフトとハードの進歩がたがいに刺激しあって、より発展していったのである。

カリノフスキー旅団の創設

一九二九年制定の赤軍野外令では、戦車は狙撃兵部隊に配属されるものとされたが、同時に敵の砲兵陣地帯や予備陣地帯まで突破していく〝特別遠距離射撃梯隊〟にも充当すると定めた。あきらかに諸兵科連合の機械化部隊を意識し、さらに一歩すすんで、今日のOMG構想のような独立機械化部隊を考えていたことは注目に価しよう。

一九三〇年五月、おそらく世界初の常設部隊としての機械化旅団が編成された。旅団長は、ソ連のグデーリアンといわれるカリノフスキー大佐であった。

この旅団の編制は、旅団司令部、戦車大隊二コ、自動車化狙撃大隊二コ、装甲捜索大隊一コ、旅団砲兵隊、その他の支援部隊となっていた。

カリノフスキー旅団長は精力的に演習を実施して研究をつづけ、早くも翌年には同旅団を再編・強化した。

この一九三一年タイプの機械化旅団は、攻撃グループ、捜索グループ、支援グループからなり、総員四七〇〇人、MS軽戦車一二〇両、豆戦車一一〇両、七六ミリ自走砲三二門、一二二ミリ榴弾砲一六門を基幹とする強力なものであった。

攻撃グループは、戦車大隊二コ、自動車化狙撃大隊一コ、自走砲兵隊二コからなる。捜索グループは、戦車大隊一コ、装甲化狙撃隊、自動車化狙撃隊、自走砲兵隊各一コからなり、支援グループは、野戦砲兵大隊三コ、高射砲兵大隊一コで編成されていた。

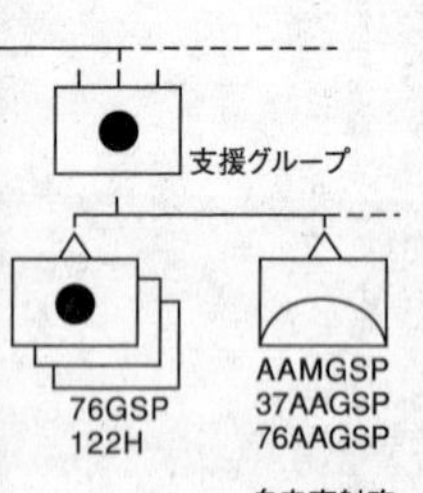

編制をみれば、今日の機械化旅団といっても、決しておかしくない。ここにおいて、ピョートル大帝以来の火力重視の思想と、第一次大戦以降の機動力重視の教訓とがドッキングし、部隊として姿をあらわしたのであった。

このような革新的なコンセプトにもとづく部隊の登場

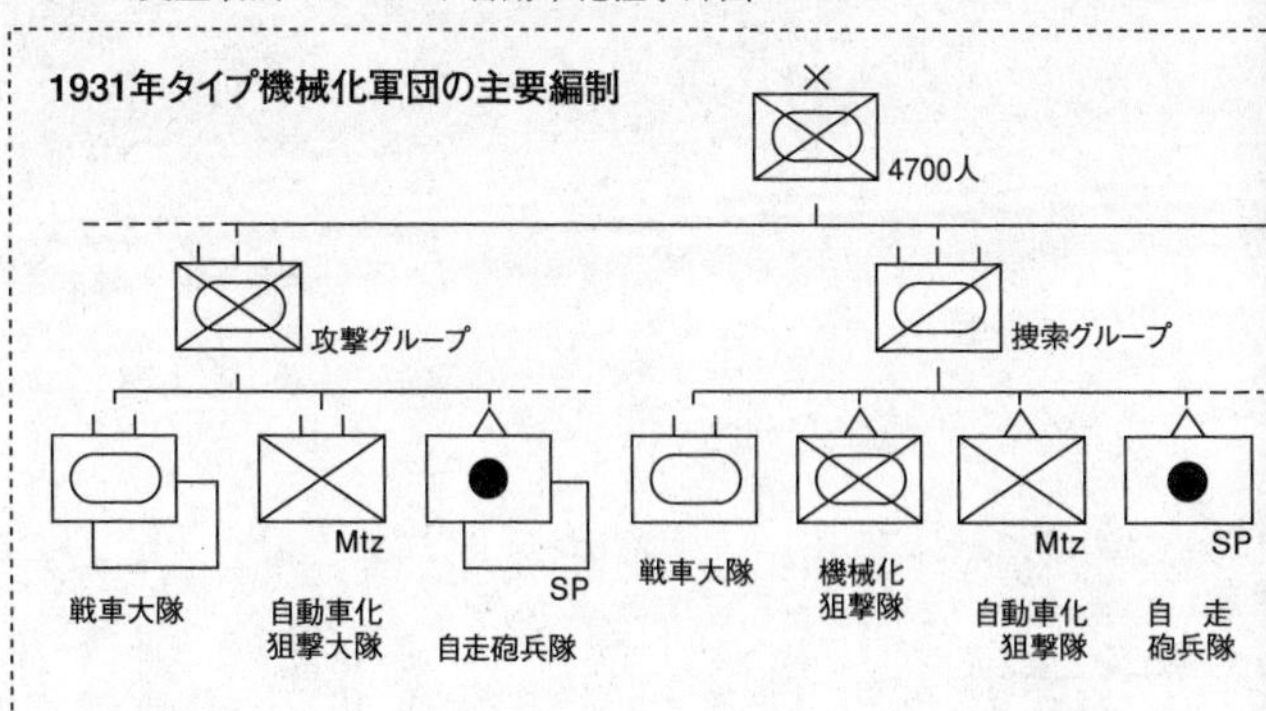

は、ただちにトハチェフスキー元帥の提唱する縦深戦略理論とむすびついた。

一九三六年改訂の赤軍野外令では、その第一章の第九項で、『現代戦における資材の進歩は、敵戦闘部署の全縦深にわたり、同時にこれを破推することを可能ならしむるにいたれり。迅速なる兵力移動、奇襲的迂回および退路遮断による急速なる後方地区の占領は、ますますその可能性を増大せり』と、全縦深同時制圧の重要性を強調している。

これができるのは機械化・機甲部隊しかないというのが、トハチェフスキー元帥以下の赤軍首脳部の信念となった。そして、いかにもロシア的性急さで、機械化部隊の整備がおしすすめられていく。

一九三二年には、世界初の機械化軍団が新編された。この軍団の編制は、機械化旅団二～三コ、自動車化狙撃旅団一コ、砲兵連隊二～三コというものであり、戦車五〇〇両、装甲車二〇〇両という、堂々たる陣容である。

この種の軍団を、一九三七年までに九コも新編している。さらに、独立機械化旅団を五コ、騎兵軍団八コを併行して整備したのだから、すさまじいエネルギーである。

第二次五ヵ年計画が終了した一九三七年当時の機械化軍団の編制を紹介しておこう。

軽戦車大隊三コ、自動車化狙撃大隊一コ、砲兵大隊一コからなる機械化旅団一コ。中戦車大隊三コ、重戦車大隊一コ、自動車化狙撃大隊一コ、砲兵大隊一コからなる機械化旅団一コ。自動車化狙撃大隊三コ、砲兵大隊一コからなる自動車化狙撃旅団一コで、この三コ旅団を骨幹としていた。

この編制は、現在の米陸軍機甲師団によく似ている。旅団の編制が固定的か、流動的かのちがいこそあれ、大隊を戦術単位として編合するテクニック、単位数も類似している。

こういう部隊を今日から五〇年も前にもち、しかも九コも整備していたのだから、一驚に価しよう。

大粛清の思わぬつまずき

機械化軍団の輝かしい未来が約束されたかに思えた一九三七年、いわゆる赤軍大粛清があり、まずトハチェフスキー、プトナ、プリュッヘル、エゴーロフ、ヤキールといった軍の頭脳が殺された。翌一九三八年までに、旅団長以上のほぼ全員が殺さ

1940年1月、ソ連・フィンランド戦争の北西戦線におけるソ連第二〇重戦車旅団のT28戦車。主砲塔の他に2個の銃砲塔を持つ特異な形状である。

れるか、強制収容所送りとなり、将校の五分の一がなんらかのかたちで弾圧されたという。なんともすさまじい話である。

この大粛清の背景には、スターリン対トロツキーという図式もさることながら、その後のKGB（国家保安委員会）の前身であるGPU（国家政治保安部）と軍との対立、軍内の革新派と保守派の暗闘とが複雑にからまっていたといわれるが、真相は明らかになることはないであろう。

ともあれ軍の頭脳は消え去り、機機化部隊の重要性を知る者もいなくなった。また、一九三四年に勃発したスペイン内戦という、非常に特殊な戦闘の戦訓があやまって理解されたことも手伝い、機械化軍団は解体の方向にむかっていく。

短期間ではあったが、機械化・機甲部隊を中隊単位、大隊単位に細分し、歩兵を直接支援しようという動きもあった。

しかし、各列強の動きや、一九三九年のノモンハン事件の教訓から機械化軍団の再編成がはじまり、一九四一年三月には、機械化軍団二〇コを新編するという決定もくだされていた。

とはいうものの、要員の不足と新装備の導入がおくれ、機械化部隊は旅団規模で各軍に配属されるかたちで独ソ開戦を迎えることになる。しかも、一九四一年が装備の更新時期にあたっていたことも、ソ連にとっては不幸なことであった。

一九四一年六月二十二日、ナチス・ドイツ軍は軍集団三コ、兵員三〇〇万、戦車三五〇〇両をもって、対ソ侵攻のバルバロッサ作戦を発動した。ソ連軍は総崩れとなり、十二月にはモスクワ門前まで追いつめられた。

この敗因はいろいろな角度から分析されているが、とくに機械化・機甲部隊の運用がまるで下手で、せっかくの戦車を集団的に使用しなかったからだ、とよくいわれる。

しかし、虎の子の機械化部隊を集中するには重点を形成しなければならず、その重点形成の自由は侵攻側がにぎっていた。しかも、奇襲されたのであるから、ただ時間をかせぐためだけに、一見やみくもに戦うしか方法がなかったであろう。たとえトハチェフスキーが生きていたとしても、結果は同じであったと思う。

この独ソ戦初期、めざましい活躍をしたのは、ナチス・ドイツ軍の装甲集団四コであった。なかでも中央軍集団に属し、決定的な役割をはたしたグデーリアン上級大将が指揮した第二装甲集団は、装甲軍団三コと歩兵軍団一コからなり、装甲師団六コと自動車化歩兵師団三コを骨幹として侵攻を発起した。

この快足部隊は、戦車の集団的な衝撃力で最前線を突破し、抵抗する拠点を素通りして敵中枢部に突進、敵を物心両面でマヒさせて、ハサミ状に包囲していった。

まさにカリノフスキー大佐やトハチェフスキー元帥が考えた運用そのものであった。粛清された先人の正しさが、敵によって証明されたのであった。

苦しかった一九四一年も末ごろになると、だれの目にも重点は明らかとなった。モスクワ、レニングラード、スターリングラードである。

そこにソ連軍は、もてるすべてを投入し、戦勢を逆転させていく。機械化・機甲部隊も、ハードとソフトの両面で充実・強化されていった。

ハードは、あまりにも有名なT34中戦車と、連合軍から援助された自動車である。ソフトだが、戦術面では、戦車には戦車

85ミリ砲を装備したT34(II型)

で対抗するという原則を守った点が、まず大きい。

一九四三年七月のクルスク戦以降は、ナチス・ドイツ軍顔負けの機甲戦術を駆使してベルリンにせまった。

ソフトをささえる部隊の編制だが、当初は敵を食いとめるのが先決であったから、連隊、旅団、兵団といろいろなパターンの応急的なものであった。

主導権をにぎりはじめてからは、徐々に整備され、戦車軍団にまとめられるようになる。

この一般的な編制は、戦車大隊三コからなる戦車旅団三コ、歩兵旅団一コ、軍団砲兵というもので、これが戦後の戦車師団や自動車化狙撃師団のモデルとなった。

オールマイティーな戦闘単位

独ソ戦中、ソ連の装甲車両の生産は戦車に集中された。その結果、狙撃兵を運搬する装甲車は、かぎられた数の米国供与のハーフトラックだけという状況であった。

戦車と協同する場合、狙撃兵を戦車に跨乗させて突進する戦法を多用した。

これでは、健全で現代的な機械化部隊とはいえまい。あるて

装輪装甲兵員輸送車BTR40

いどの装甲防護力をもち、戦車とおなじ機動力をそなえた装甲兵員輸送車を整備する必要がある。

この点は、ソ連の用兵側も造兵側もふかく認識しており、大戦後、ただちに装甲兵員輸送車（APC）の開発、生産にはいった。

このAPCには、装輪車と装軌車の二系例がある。

装輪APCは、一九四四年から開発にはいったBTR40にはじまり、BTR152をへてBTR60Pで水陸両性能が付与されて本格的なAPCとなった。以後、BTR70、BTR80と改良がくわえられてきた。

装軌APCは、PT76軽戦車のシャーシーを流用したBTR50Pが最初のもので、一九五七年に存在が確認された。一九六〇年代初期にはAPCを一歩すすめた機械化歩兵戦闘車（MICV）のBMP1が登場し、一九八〇年代にBMP2へと改良されている。

八〇年代後半、このBTR系列を二万六〇〇〇両、BMP系列を二万五〇〇〇両保有しているといわれる。膨大な数だが、これでも全狙撃兵部隊を装甲車化・機械化できないという。戦車師団五二コをふくめ、現役二〇二コ師団の重みが実感できる。

ともあれ、敵弾敵火の下でもいちおう安全な輸送手段が確立

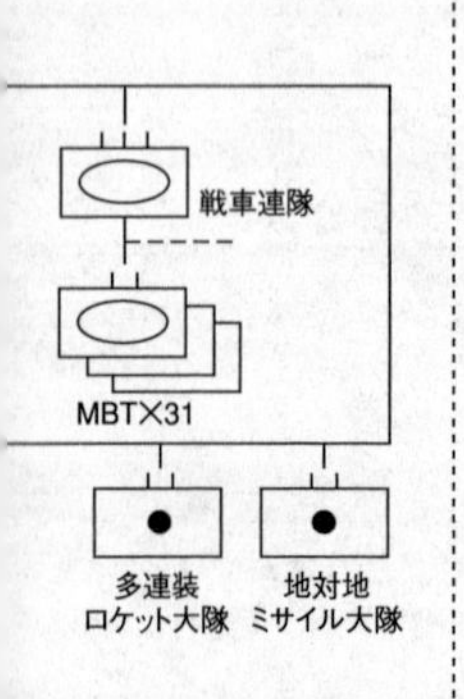

されて、本格的な機械化部隊が成立した。その時期は、おそらく一九六三年ではなかったかといわれている。

自動車化狙撃師団の編制は、上表のようなものと信じられている。

これをみると、他国では軍団、軍が直轄している部隊まで、ソ連では師団編制にくわえ、師団に独立戦闘力をできるだけあたえようとする努力がよくわかる。さらに、連隊をみれば、このレベルですでに歩機砲といった各兵科のコンバインドを実現している。

固定的な編制で、ここまで各兵科のコンバインドを徹底しているのはソ連地上軍だけであろう。

この師団レベルでの運用を考えてみよう。

まず、ＢＴＲ化された自動車化狙撃連隊二コを第一線に展開する。これが、いわゆる第一梯団であり、その使命は敵の戦線に突破口をこじあけることにある。

突破口が形成されれば、ＢＭＰ化された自動車化狙撃連隊と戦車連隊が第二梯団となって、そこからなだれこん

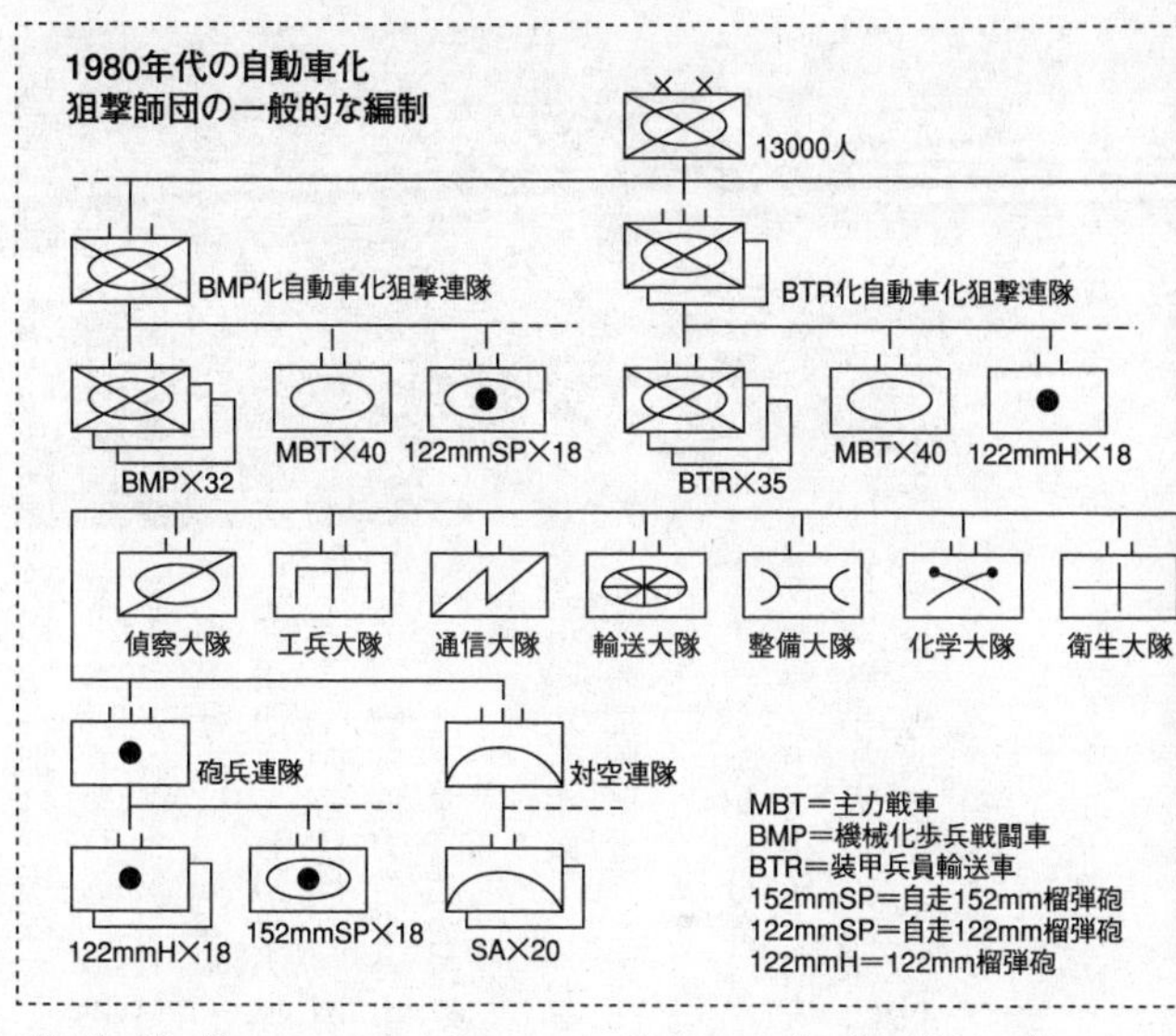

で無停止攻撃をしかけ、敵の後方中枢部にむけて進撃する。

連隊レベルでも、自動車化狙撃大隊二コが第一梯団となり、のこる自動車化狙撃大隊一コと戦車大隊が第二梯団となる。この梯団戦法は、軍や方面軍のレベルでも徹底的に追求されており、これがソ連地上軍の戦術の特徴となっている。

最後にミクロの目で、最小戦術単位である自動車化狙撃中隊（BMP化）を見てみよう。

この中隊は、中隊本部と狙撃小隊三コからなり、狙撃小隊は小隊長と狙撃分隊三コからなる。狙撃分隊一コは、BMP一両に搭乗し、中隊合計で将校六人、下士官・兵九八人、BMP一〇両を装備する。

装軌装甲兵員輸送車BTR50

中隊本部は、中隊長、政治将校、技術将校、先任下士官、対空ミサイル班三人、機関銃手二人、BMPの操縦手と砲手からなる。

狙撃分隊は、分隊長、機関銃手二人、対戦車ロケット手一人、小銃手四人とBMPの操縦手と砲手からなる。

ここでの特色は、戦闘にさいしては中隊本部も、狙撃分隊としての戦闘能力をもつように部隊区分されることである。

それはまず、政治将校、技術将校、先任下士官を各小隊に配属させ、対空ミサイル班の三名も各小隊に分属させる。そして、各小隊から小銃手二名を中隊本部にさしださせる。

この部隊区分によって、中隊本部は中隊長、機関銃手二人、小銃手六人となる。

第一小隊第一分隊は小隊長、分隊長、機関銃手二人、対戦車ロケット手、小銃手四人。第二分隊は中隊政治将校、分隊長、機関銃手二人、対戦車ロケット手、小銃手三人。第三分隊は分隊長、機関銃手二人、対戦車ロケット手、対空ミサイル手、小銃手三人。第二小隊では政治将校のかわりに技術将校、第三小隊では先任下士官がいる。

このように中隊一丸となっての戦闘が可能であり、指揮権の委譲の体制もととのっている。この中隊の鉄量投射量は、下車戦闘間でも毎分三〇〇キロ以上である。

これがソ連機械化部隊の最小単位である。

恐るべきカチューシャ多連装砲大隊

第2章
③

藤井　久

■退勢を挽回した秘密兵器

三〇秒間に三二〇発のロケット弾を叩き込む劇的破壊力

パニックにおちいったドイツ軍

モスクワまであと三五〇キロ、ここスモレンスクで独ソ開戦以来、初めてソ連軍は組織的抵抗に出た。一九四一年七月に入り、モスクワの前哨となるスモレンスクには、ナチス・ドイツ軍中央軍集団の二本の槍が突きつけられていた。

一本はドニエプル河を渡河して南西から迫るグデーリアン上級大将の第二装甲集団、もう一本は西から右旋回してスモレンスク背後に回り込んでくるホト上級大将の第三装甲集団である。

この両装甲集団の連係を阻止するためソ連西部方面軍司令官第一代理エレメンコ中将は、その接際部にモスクワ第一狙撃兵師団を投入した。そして第三装甲集団最右翼の第一二装甲師団とスモレンスク西北のルドニャで接触した。

一九四一年七月十五日夕刻、第一二装甲師団の戦線の一部に突然、とてつもない轟音がとどろき、巨大な閃光がひらめいた。集中砲撃の前兆の試射もなく、まったく突然に二六秒間で三二〇発のなにかが撃ち込まれたのである。連戦連勝で意気上がるドイツ軍将兵も初めてたじろいだ。モスクワ第一狙撃兵師団の第一線も、なにがなんだかわからないままにパニックをおこして後退してしまった。

これが制式名BM-13、通称カチューシャ砲の鮮烈なデビューであった。この歴史的な弾幕を張ったのは、秘匿部隊名「エレザ」、フリェロフ大佐指揮の噴射迫撃砲実験大隊であり、BM-13を二〇基装備していた。

ただちにドイツ軍は調査し、その結果、このとんでもない兵器は多連装のロケット弾で、ドイツ軍が持っているソ連軍の編制装備表にはないものであることが判明した。技術的な奇襲を受けたドイツ軍首脳部は、ソ連の軍事技術力の高さに慄然としたという。

また斉射を浴びたドイツ軍将兵は、おどろおどろしい飛翔音と心臓をねじ切るような炸裂音から、「スターリンのオルガン」と命名した。

迫撃砲からのアプローチ

ロケット弾そのものは目新しいものではなく、火薬の登場とともに生まれ、大砲より古い歴史を持っている。速度ゼロから

カチューシャの射撃時。1941年7月、スモレンスク戦で初めて登場した。

自力で加速していくから反動がないのは長所だが、十分に加速されていない時に横風の影響を受け方向のバラツキが大きい。固体推進薬の燃焼コントロールはむずかしく、そのために射程の偏差も大きかった。

推進薬が黒色火薬をパラフィンで圧塡したものからニトロセルローズのシングルベース、ニトログリセリンとニトロセルローズを混合したダブルベースと発展し、珪酸ナトリウムなどを添加することによって燃焼をコントロールできるようになり、射程の偏差はだいぶ克服できるようになったが、横風による方向のバラツキはなかなか克服できなかった。また推進薬に容積が食われるのも不経済で、そんなことから大砲におされていた。

しかしソ連では、ロケット弾をべつの見地からながめ、不利な点には目をつぶり、ロケット弾を再登場させたのである。

第一次大戦でドイツ軍の野戦火力に圧倒された経験から、ソ連軍は当初から火力重視であった。それはピョートル大帝以来の伝統でもある。

大火力の発揮は、まず砲兵の強化であるが、砲兵の育成には時間と金がかかり、平時から大砲兵力を維持しておくことはむずかしい。そこで有事にはいったとき、急速に大火力を発揮できるようにするにはどうしたらよいか。その一つの回答が迫撃砲であった。

迫撃砲は構造が簡単で大量生産が容易、だれでもちょっとした訓練を受ければ弾は出る。発射時にかかるGが大砲より少ないので弾殻が薄くでき炸薬量がふやせるし、鋳鉄でもよいから生産がらくである。精度はおとるが、それは門数でカバーできる。砲自体は軽量、極端な曲射弾道だから地形による制約が少ない。

よいことずくめだが、どうも射程がたりない。当時の八二ミリ迫撃砲で最大射程は三キロ、これでは野戦砲兵の補完とはなりえない。そこで増径され、一九四三年には最大射程五・七キロの一二〇ミリ迫撃砲が登場するが、これが人力による砲口装塡の限界である。それでもソ連は一六〇ミリ、二四〇ミリと増径していくが、それは戦後のことである。

ではさらに射程を延伸するにはどうしたらよいか。その一つの解答がロケット弾であった。迫撃砲に大射程をというアプローチから生まれたことは、BM-13噴射迫撃砲と呼ばれたことから証明されるだろう。

恐るべきBM-13の正体

迫撃砲から発達したといっても、迫撃砲とは似ても似つかぬ多連装ロケットは、コスティコフ技師が主務者となったチームによって設計された。当初は八二ミリ迫撃砲弾にロケットを付けたものでテストされたが、どうしても横風による方向のバラツキが克服されないので、三二～三六連装の斉射でカバーすることになった。これがBM-8で最大射程は五・三キロ、実戦にも一部使用された。これを一三二ミリに増径したものが、第二次大戦中の主力となったBM-13である。

BM-13のロケット弾は四翼安定式、推進薬はダブルベース、口径一三二ミリ、全長一・七四三メートル、重量四二・五キロ、最大速度毎秒三五〇メートル、最大射程九キロである。弾頭は着発の榴弾、重量約二〇キロ、アルミ粉を添加したTNT約六キロが充填されていた。ロケット弾自体は、戦後のBM-21の短型によく似ている。

ランチャーはレール発射型、八本のレールの上面と下面に八発ずつ計一六発のロケット弾が乗る。ランチャー自体がプラス一五度から四五度まで俯仰し、これによって射程を定め、旋回は二〇度であった。この一六発のロケット弾は電気発火で七～一〇秒間で斉射され、再装塡は人力で五～一〇分必要である。一弾薬基数は八〇発、斉射五回分であった。

このランチャーをZIS6(6×4)もしくはダッジ(6×6)トラックに搭載し、六名の要員とともに機動する。虎の子であったため、なるべく信頼性の高い米国製トラックに搭

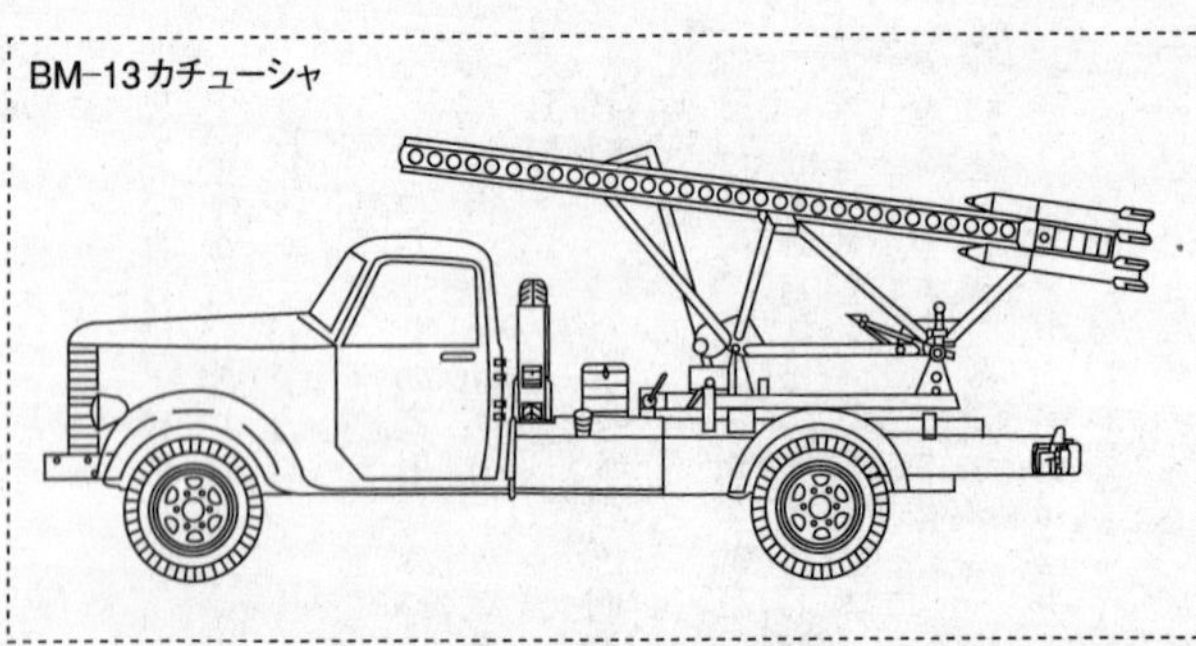
BM–13カチューシャ

載するようにと指示されていたそうである。

一般的にBM‐13装備の噴射迫撃砲大隊は、一六～二〇基を装備し、第一線の後方五キロ以内に陣地占領する。陣地に進入するとトラック後部に装備された二本のジャッキで車体を水平に安定させ、かんたんな測量をして射角と方向を決定し、電気着火装置をセットすると、クルーが退避して発射準備完了となる。これに要する時間は、大隊で一五分間程度とされていた。

そして一斉に平行射し、一定地域を濃密にかつ奇襲的に制圧する。一コ大隊二〇基、各車の間隔一〇メートル・横一線の密集隊形で射撃したとすると、公算誤差があるから正面幅四〇〇メートル、縦深五〇メートルほどの地域に三〇秒以内に三二〇発のロケット弾が落達する。その弾頭重量合計は六・四トン、炸薬量合計一・九トンに達する。撃つほうは最高の気分であるが、撃たれる方は最悪で、運よく死傷しなくとも発狂してしまう。

これほどの弾幕を当時の一二二ミリ榴弾砲で構成するとなると三〇〇門、五〇コ中隊を集中する必要がある。しかしそれは展開地域の地積から無理な話である。

モスクワの赤の広場を行進するカチューシャ(BM-13)部隊。圧倒的な破壊力を持ち、簡易な構造で機動力があり、主要作戦には必ず投入された。

このように通常の野戦砲では達成できない任務を補完するのが多連装ロケット部隊の任務となり、この点は現代でも変わりない。

陽気なソ連軍最高の機密兵器

BM-13が形となったのは一九四一年、独ソ開戦の年であった。

当初、砲兵の首脳部はこの新兵器に冷淡だったという。元来、砲兵は保守的で、ネチネチと計算するネクラで、一発一発よく狙って撃つのがえらいという風潮がある。そこに、「とにかく明るく元気にバリバリ撃ちこめる兵器はいかがですか。ムダ弾も多いが、とにかく敵陣は火の海になりますよ」と売り込んだのだから、冷たくされるのも無理はない。

ところがヒトラー以上の兵器マニアであるスターリンが実射を見てから状況は一変した。轟音と火の海、「三〇秒間で三二〇発を叩きこめるとはすごい」と、過激派スターリンは、たちまちBM

-13の信奉者となった。「ムダ弾が多い？ 黙れ！ 戦争とは元来ムダなことではないのか」と、しぶる砲兵の首脳陣を脅迫し、参謀本部首脳陣に実射を見学させて納得させ、ボロネジのコミンテルン工場で大量生産に入ることが決定された。

これが独ソ開戦のその年、一九四一年六月初頭のことであったという。余談だが、設計者コスティコフ技師の胸にはレーニン勲章が輝いたことはいうまでもない。

こういう新兵器は、奇襲的に使えば使うほど効果があることをスターリンは知っていた。そこでＢＭ-13は最高の機密兵器となり、ＢＭ-13という制式名も第二次大戦後にようやく公表された。装備部隊の名称にも多連装ロケットとか噴射迫撃砲という文字は使われず、すべて重渡河工兵とされた。ロケット弾を搭載していなければ、突撃ボートや架橋の浮体や導板を運搬するトラックに見えないことはない。

この努力の結果、ドイツ軍はＢＭ-13の存在をまったく知らなかったが、ソ連軍の中でも知っているのはごくひとにぎりだけだった。装備している部隊も名前を知らない。ロケット弾をよく見るとＫの字がある。生産されたコミンテルン工場のＫであるが、「よっ！ カチューシャ娘ちゃんか」と冗談をいった者がいた。

トルストイの小説『復活』の女主人公の名前であり、この冗談の主はかなり教養があったのだろう。兵隊たちの頭には酒と女のことしかないから、トルストイであろうとなかろうと女の子の名前なら大歓迎、「カチューシャ娘ちゃんをファシストどもにぶちこんでやれ」と盛りあがった。それをいうならネフリュードフ兄ちゃんだろうという理屈は無用だろう。こ

1943年1月、スターリングラードで用いられたカチューシャ。強力なカチューシャは改良型の開発と大量生産が計られ、部隊は拡大されていった。

うしてカチューシャ砲が通り名となった。

カチューシャ砲大量生産の決定は遅かったが、最大の努力が傾注され、前述したように第一の大隊が七月に登場した。その威力が戦場で立証されると急ピッチで生産され、決戦の年となった一九四三年春には、四連装・口径三〇〇ミリ・最大射程三キロのBM-30をふくめ三〇〇基以上のカチューシャ砲を装備する最初の親衛噴射迫撃砲師団が結成され、一年後には七コ師団までに増勢された。

一九四三年夏には二二〇〇基が整備され、東部戦線の雌雄を決したクルスク会戦では九二〇基が集中使用された。このとき、攻撃前進したドイツ軍一コ連隊は、カチューシャ砲の二〜三回の斉射をくらい、文字通り消え去ったという。

スターリングラード、クルスク、ドニエプル渡河、ミンスク、ワルシャワ、そしてベルリンと、東部戦線の決定的な時と場所には、つねにカチューシャ砲の轟音がとどろき、閃光が走った。その絶大なる威力はもちろんだが、カチューシャ砲を撃ち出したから絶対に勝てるんだという信念を将兵にあたえたことがより重要であったろう。

レフ・トルストイ、偉大な文豪そして敬虔な信心家、絶対的な平和主義者、その人が創作した女主人公の名前がこのように使われたのだから、なんと表現してよいかわからない。もしトルストイがこれを知ったら、なんと語っただろうか。

無敵の戦爆連合部隊

第3章

1

野原　茂

■第二次大戦に登場した空中打撃力――

長駆して戦略目標を攻撃する理想の戦闘機＆爆撃機

戦闘機と爆撃機の相性調べ

ひとくちに戦爆連合作戦といっても、その内容にはいろいろのパターンがある。すなわち、戦闘機と単発爆撃機、または艦上爆撃機の組み合わせによる近／中距離攻撃から、長距離掩護戦闘機と双発、または四発爆撃機の組み合わせによる敵国戦略目標への攻撃まで、そのいずれもが戦爆連合作戦なのである。

戦略目標攻撃ということは、とうぜん長距離を翔破するわけで、戦闘機にしろ爆撃機にしろ、まずその第一に長大な航続性能を要求される。爆撃機は双発以上になればあるていどの航続性能は確保できるが、戦闘機はその性質から双発以上は不可能

型式	最大速度 (km／h)	航続距離 (km)	搭載量 (kg)
双 発	426	4288	800
〃	478	2400	1000
〃	435	1950	2000
四 発	462	5800	4900
〃	576	6600	9000

な機種である。

航続性能の面だけを考えれば燃料を多く搭載できる双発戦闘機が有利にきまっているが、機体が大きく重くなったぶんだけはとうぜん運動性は単発戦闘機にくらべておとることになり、敵迎撃戦闘機との空戦に不利となる。

「月光」「屠龍」、Bf110など第二次大戦前各国で流行した双発複座掩護戦闘機がことごとく挫折したのも、まさにこの単純な理由からであった。

上表の性能データと後述する各戦闘機の行動半径を比較してお気づきのことと思われるが、最大航続距離と実際の行動半径にかなりの差がある。これは、掩護戦闘機と爆撃機の巡航速度のちがいによるためである。戦闘機はとうぜん速度が速いので爆撃機とおなじように直進飛行していたのではどんどん前へいってしまう。

そこで上空をジグザグ航行しながら随伴することにより余分な燃料を消費し、くわえて敵機と空戦になればさらに通常飛行の何倍もの燃料を一度に消費するわけであるから、かりに最大航続距離が三〇〇〇キロメートルあったとしても単純に行動半径一五〇〇キロメートルとはならない。

各国主要戦爆連合ペア要目表

国籍	戦闘機	型式	最大速度(km/h)	航続距離(km)	武　装	爆撃機
日海	零戦21型	単発単座	518	3350	20mm×2 7.7mm×2	一式陸攻
日陸	隼Ⅰ型	〃	495	1000	7.7mm×2	九七重爆
独	Bf109E	〃	570	663	20mm×2 7.92mm×2	He111
米陸	P-47D	〃	690	2740	12.7mm×6	B-17
米陸	P-51D	〃	704	3700	12.7mm×6	B-29

前述の理由からして、およそ航続距離の三分の一程度になるのがふつうである。

零戦は日本爆撃隊の救世主？

単発単座戦闘機で世界最初に戦略的戦爆連合作戦を可能にしたのは、いうまでもなく日本海軍の零式艦上戦闘機である。三三五〇キロメートルという当時の各国主力戦闘機の二～三倍の驚異的な大航続力は、常識では考えられない値であった。それでいてほかの諸性能もズバぬけており、今流にいえばまさに夢のスーパー・ファイターであったわけだ。

それまで重慶爆撃のたびに損害をだしていた九六陸攻隊が、以後、昭和十六年八月に中国大陸での活動をおえるまでに敵戦闘機の迎撃はたった三回、しかも損害ゼロということをみても、零戦の出現が戦局にあたえた影響は絶大であり、戦爆連合作戦の威力を痛感させた。

昭和十六年五月、在漢口の高雄航空隊に新鋭一式陸攻が配備されるにおよび、零戦との組み合わせはより完璧となった。同年八月三十一日におこなわれた成都にたいする早朝爆撃では迎撃してきた二一機の中国空軍戦闘機が、陸攻隊の上空に待機し

ポートダーウィン上空の一式陸攻

ていた零戦によってことごとく撃墜され、ここに中国大陸の制空権は完全に日本のものとなった(図参照)。

太平洋戦争初期の海軍戦爆連合作戦も基本的に前述の戦法を踏襲したものであるが、米軍の反撃がつよまるにつれて陸攻一機にたいする零戦の機数が増加した。

ラバウル航空隊を一例にあげると、昭和十七年八月七日のガダルカナル島初攻撃では零戦一八機、陸攻二七機であったのが、九月二十七日には零戦三〇機、陸攻一八機となり、十月二十一日には零戦二七機、陸攻九機というふうに変化している。

戦爆連合作戦のむずかしさは両者の連係がタイミングよくたもたれるかどうかにかかっている。これがうまくいかない場合はいかに掩護戦闘機の数が多くとも爆撃隊の損害が多くなる。

例をあげると、十七年九月二十八日のガ島攻撃は零戦一五機、陸攻二七機のほかに別動隊としてさらに零戦二七機がくわわったにもかかわらず連係がまずく、敵戦闘機が陸攻隊に殺到し、自爆未帰還八機の損害をだした。往復二〇〇〇キロメートル以上、六時間にもおよぶ作戦飛行は、単座戦闘機にとっては容易なことではなく、零戦搭乗員の苦労は察してあまりある。

このような長距離戦爆連合作戦は、機体の優秀さもさること

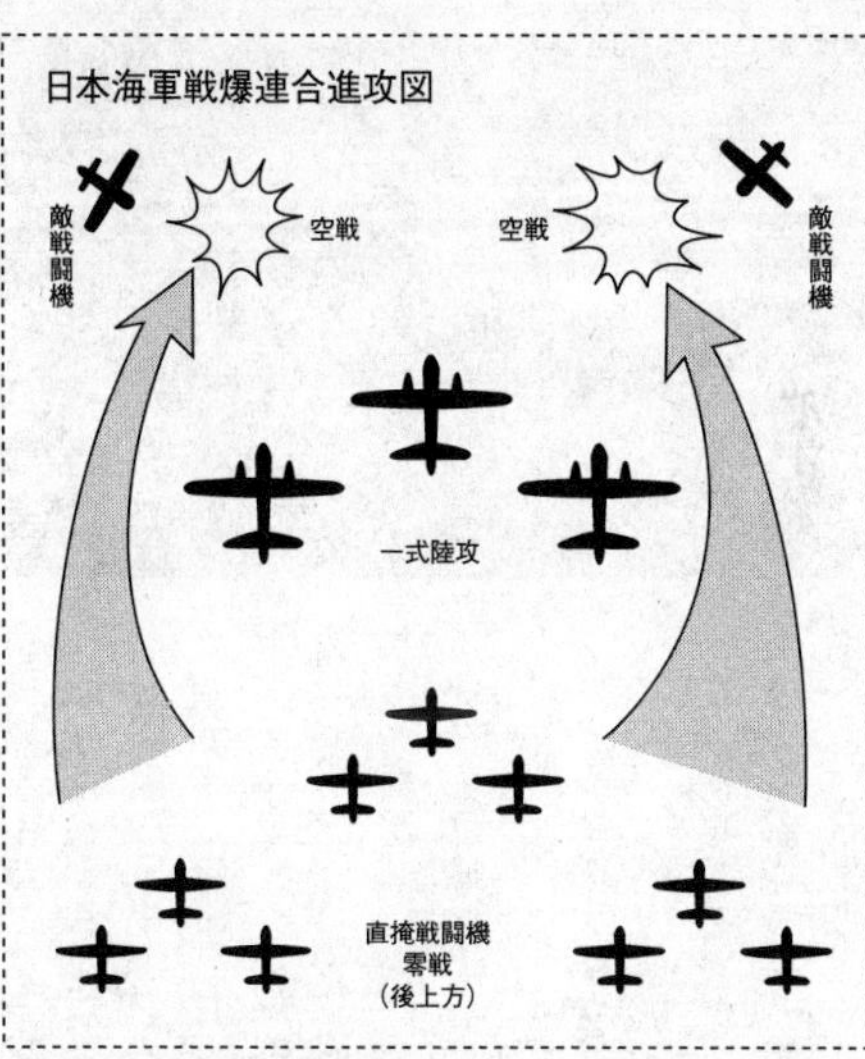

ながら、搭乗員にたいする支援能力も成否のカギをにぎる重要な要素となる。粗末な食事と悪い環境に過度の任務がかさなれば、どんなベテラン搭乗員でも身体がさきにまいってしまい、注意力が散漫になる。

海軍の戦爆連合作戦が昭和十八年以降いちじるしく衰退した原因は、前述の理由にくわえて敵戦闘機の質、量双方の向上、レーダー、対空砲など防空能力の強化があげられる。いきおい爆撃隊は夜間少数単独行動が主となり、戦闘機のみの侵攻が多くなる防御型の戦いへ移行していった。

この間、反対に米軍は戦爆連合戦力を着実にたくわえ、やがて日本軍をはるかにうわまわる規模で来襲するようになり、立場はまったく逆転した。

日本陸軍では隼と九九双軽、九七重爆などのペアによる戦爆連合作戦が大戦初期に大きな戦果をあげたが、海軍ほどの長距離作戦ではなく、マレー半島からの

Ｊｕ88

シンガポール、ジャワ、スマトラ、タイからビルマなどの攻撃であった。十八年以降は海軍とおなじような理由で戦爆連合作戦は衰退の一途となる。

昭和十八年十二月五日に決行された陸・海軍協同によるインド・カルカッタ攻撃は参加機数（隼七四機、九七重爆一八機、零戦二七機、一式陸攻九機、計一二八機）の点でも最大規模のものであったが、攻撃は一回のみで打ち切られ、以後はこの方面でも完全に防戦一方となった。

ドイツ軍の欠陥が露呈した欧州戦線

ヨーロッパ方面における戦爆連合作戦の端緒をひらいたのはドイツ空軍であるが、ポーランド、フランス戦までにみられた有名な電撃作戦は基本的には地上軍との協同による戦術作戦であった。Ｂｆ109とＪｕ87の組み合わせはもとより、Ｈｅ111、Ｄｏ17、Ｊｕ88の双発中型爆撃機もこの用法でつかわれた。

ドイツ空軍が戦略作戦に近いかたちで最初に大規模な戦爆連合攻撃をみせたのは一九四〇年八月に開始された〝対英航空決戦〟いわゆるバトル・オブ・ブリテンである。

ドーバー海峡沿いのオランダ、ベルギー、フランス国内に展

Bf110

開した第二、三航空艦隊、ノルウェーに展開した第五航空艦隊の戦力は単発戦闘機（Bf109）八〇九機、双発戦闘機（Bf110）二八〇機、急降下爆撃機（Ju87）三一六機、双発爆撃機（He111、Do17、Ju88）一二六〇機、長距離偵察機一一五機の計二七八〇機に達する大空軍であった。

これらは八月十三日を期していっせいに英本土へ侵攻したわけだが、この戦力をもってすれば当時四八コ飛行隊約六〇〇機にすぎない英空軍戦闘機隊など一蹴できると予想されていた。

ところが、いざフタをあけてみるとドイツ空軍の欠陥がつぎつぎと露呈し、様相は一変してしまった。まず、それまでの電撃戦で看板だったJu87が低速、弱武装をつかれて大損害をこうむりはやばやと戦線を脱落、つぎにゲーリングみずからのキモいりで開発された掩護戦闘機Bf110がハリケーン、スピットファイアにたいしてまったく歯がたたず、はてはBf109の掩護をあおぐ醜態をさらすにいたって、なんのための掩護戦闘機かわからなくなった。

このような状態で攻撃はしだいにさきぼそりとなり、九月十七日、ヒトラーはついに英本土侵攻を断念し、ドイツ空軍ははじめて一敗地にまみれた。むろんこの背景には英空軍戦闘機の

P47（手前）とB17

優秀さ、レーダーをはじめとする防空体制の整備、戦術の適切さがあったこともみのがせない。

バトル・オブ・ブリテンは、充分な戦略攻撃力をもたない空軍が、能力以上の作戦を強行した場合、どのような結果になるかを如実にしめした戦いである。これ以後、地中海、北アフリカ、ロシアへと戦域を拡大したドイツ空軍だが、二度とこのような大規模な戦略作戦はおこなわれなかった。

米八航空軍が採用した新掩護法

ドイツ空軍にかわり、ヨーロッパで戦略的戦爆連合作戦を実施したのは米陸空軍である。とりわけ在英第八航空軍の戦歴が名高い。第八航空軍は、ドイツにたいする戦略爆撃部隊として一九四二年二月に編成され、同年八月十七日のルーアン操車場爆撃をかわきりに作戦を開始した。

当初は、英本土からドイツまでB-17、B-24を完全に掩護できるだけの航続性能をもつ戦闘機がなく、重爆隊は単独で出撃し大きな損失をこうむっていた。

一九四三年七月二十八日、二〇〇ガロン増槽を装備し、二六〇マイル（四二〇キロ）の行動半径をもつ待望の掩護戦闘機P

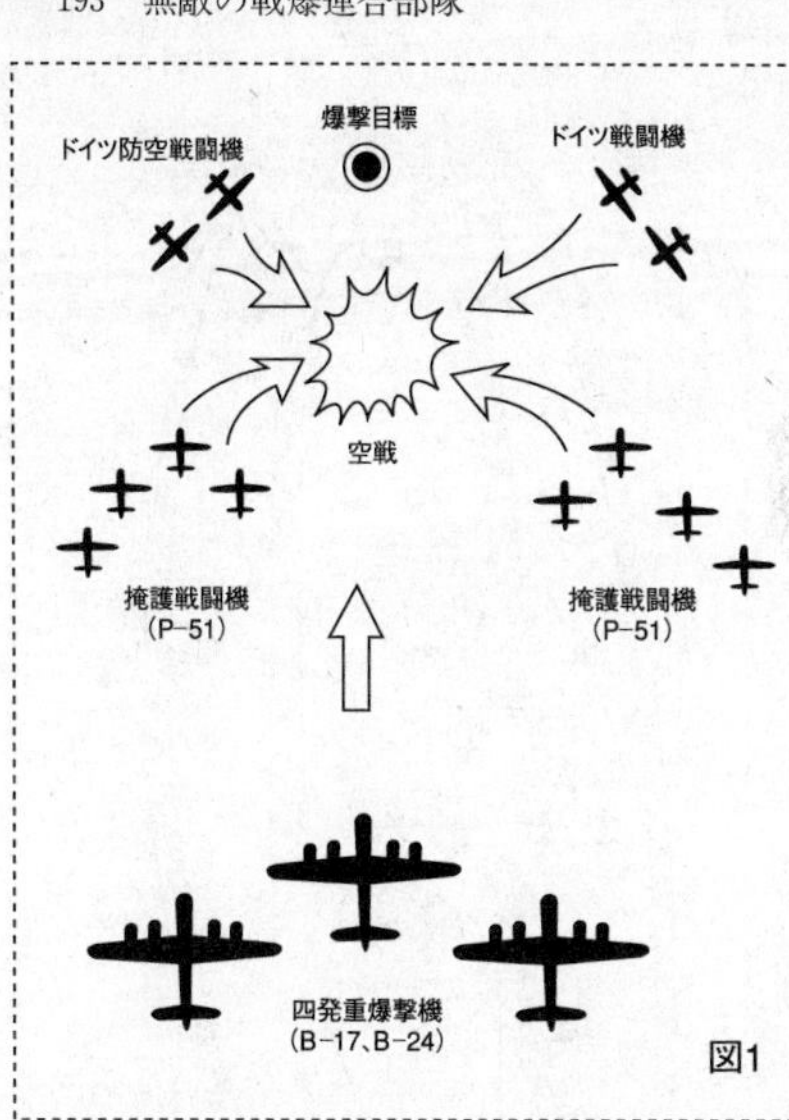

図1

-47が随伴したが、増槽の関係で上空掩護ができず、爆撃をおえて帰投する重爆隊と途中で会合して掩護するという中途半端なものであった。

そののち、改良増槽によりハンブルク付近までの掩護が可能になったが、それでもまだ不十分であった。

重爆隊にとって真の〝リトル・フレンド〟（掩護戦闘機）と呼べるのは一九四三年十一月に到着したP-51Bである。増槽なしで四八〇マイル、七五ガロン増槽二コで六五〇マイル、一〇八ガロン増槽で八五〇マイル（一三六〇キロメートル）の行動半径を有する本機は、重爆隊に随伴してドイツ国内のいかなる地点をも完全にカバーできた（図1）。さらにBf109、Fw190はもとより、P-47をもうわまわる速度、運動性をそなえており、迎撃するドイツ空軍は苦境にたたされた。

戦術面でも第八航空軍はいくつかの新しい掩護法をとりいれた（図2）。

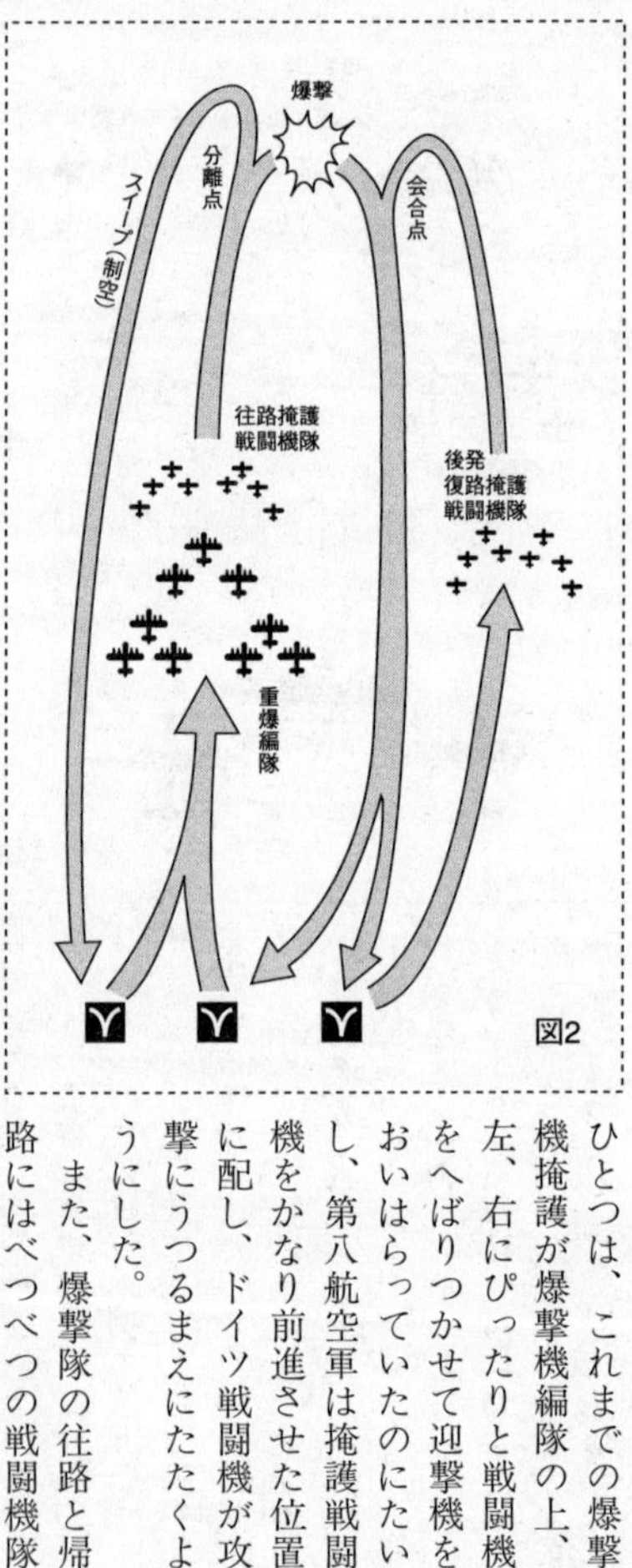

図2

ひとつは、これまでの爆撃機掩護が爆撃機編隊の上、左、右にぴったりと戦闘機をへばりつかせて迎撃機をおいはらっていたのにたいし、第八航空軍は掩護戦闘機をかなり前進させた位置に配し、ドイツ戦闘機が攻撃にうつるまえにたたくようにした。

　また、爆撃隊の往路と帰路にはべつべつの戦闘機隊をあて、往路に随伴した戦闘機隊は帰路掩護役の戦闘機隊と会合したあとは、自由行動をとりドイツ領内をスイープ（制空）しながら帰投するようにした。

　このような戦法は数的に余裕があってはじめて可能になることだが、一回の作戦に一〇〇〇機の重爆と同数の戦闘機を投入できるまでに成長した一九四四年春以降の、第八航空軍ならさして困難ではなかった。

日本爆撃に向かうB29とP51

戦爆連合作戦としてこれ以上の理想的な戦術はなく、ドイツ空軍がほとんど手も足もでない状態となったのはとうぜんであった。

理想的なB－29とP－51のペア

ヨーロッパを席巻した米陸空軍の戦爆連合戦術は、太平洋に舞台をうつし、総仕上げの段階へはいる。すでに昭和十七年八月の反攻以来、太平洋、中国大陸、ビルマ方面で着実に戦爆連合戦術を展開していた陸空軍だが、B－17、B－24を数段もうわまわるB－29超重爆の出現で、P－51との組み合わせによる最高のペアが誕生した。

マリアナ諸島を基地とする第二〇航空軍のB－29は、一九四四年十一月二十四日の中島飛行機武蔵野工場にたいする爆撃をかわきりに本格的な日本本土空襲を開始していたが、戦術のまずさ、天候にわざわいされておもうような成果があげられなかった。

しかし、一九四五年三月十日の東京大空襲を契機として活動は軌道にのり、四月七日、占領直後の硫黄島からP－51が随伴するにおよんで日本本土上空の制空権をも手中におさめてしまった。

B－29とP－51の日本侵攻パターンは図3のとおり、まずマリアナ諸島からB－29が発進し、途中の硫黄島から発進したP－51と会合し、P－51は、B－29に先導されて日本に侵入、迎撃してくる少数の日本機と空戦、または地上掃射などであばれまわり、帰路はふたたびB－29に先導され硫黄島まで帰る。

硫黄島から日本本土までは一二〇〇キロメートルもあり、最大一三五〇キロメートルの行動半径をもつP－51にとっても限度いっぱいの距離である。したがって日本上空における滞空時間はわずか二〇分たらずにすぎなかったが、ただでさえB－29迎撃が困難な日本戦闘機にとってP－51が掩護に随伴してくるにおよんで、迎撃はほとんど不可能となってしまった。

終戦までの五ヵ月間、P－51は日本上空を縦横にとびまわり、

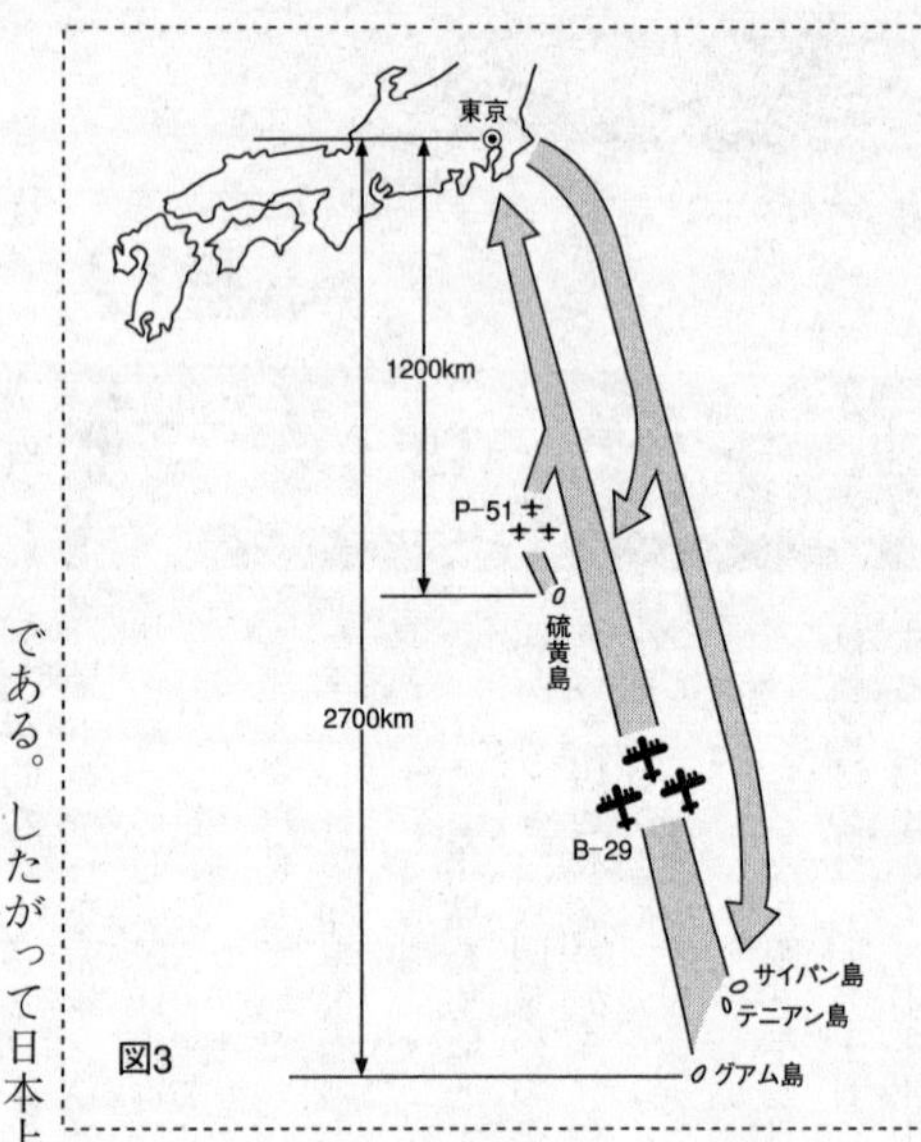

動く目標はどんな小さなものでもかたっぱしから破壊していった。

零戦と一式陸攻にはじまった長距離戦爆連合戦術は、数年後P－51とB－29によって完璧に総仕上げされたわけである。

第3章

2

連合軍大空輸軍団の実力

鈴木五郎

■航空輸送の特質と成果

空からの補給合戦を演じた連合軍とドイツ軍の実績比較

ムリのない連合軍の空輸作戦

一般に空中輸送作戦は、戦闘機や爆撃機による航空作戦や空挺作戦にくらべ地味で、舞台の裏方とおなじだといえようが、そのはたした役割はたとえ勝者の側にせよ敗者の側にせよ、非常に大きなものがあった。

航空機が完全に主役の座をつとめた第二次大戦——とくにヨーロッパ戦線では、連合軍とドイツ軍がたがいに秘術をつくして、伸びた前線へ空からの補給合戦をおこない、それぞれの作戦に寄与させていた。いまここに、両者の空輸作戦の特質と成果について概観してみよう。

Ｊｕ52／３ｍ

ドイツはポーランドについでデンマーク、ノルウェーに電撃戦をこころみ、陸海空三軍の理想的な協同作戦を展開して勝利をおさめたが、とくに空軍輸送による部隊ならびに資材の追送はみごとだった。これは「タンテ」（おばさん）の愛称で親しまれていたユンカースＪｕ52／３ｍ三発輸送機をフルに活用しての、筋書通りの作戦だったといえよう。

そののち、一九四〇年五月初めからのフランス、ベルギー、オランダへの電撃作戦も、ダンケルクのイギリス軍脱出阻止に失敗するなどありながら、まずまずの成功をおさめ、空輸作戦も順調にいった。

さらに一九四一年六月二十二日からのソ連進攻は、緒戦の数日間でソ連空軍を地上撃破して制空権を獲得し、一九四二年いっぱいまで圧倒していたが、ソ連空軍のもりかえしにあってスターリングラードほか数ヵ所で包囲され、約三〇万の友軍にたいする空輸補給は支障をきたした。

さらにはじめの筋書にはない北アフリカ戦線で、ロンメル軍団の活躍によってドイツ軍はエル・アラメインまで進出したものの、後方補給がつづかなくなり、Ｊｕ52／３ｍおよび一九四三年より登場のメッサーシュミットＭｅ323「ギガント」の損害

Me323ギガント

がウナギのぼりとなった。

それに引きかえ、連合軍側の空輸作戦は守勢であったころでも補給方法には苦労なく、中盤にいたって（一九四二年六月以降）アメリカ空軍の救援をあおいで空輸作戦は着々と拡大進行し、ついにノルマンディー上陸作戦を成功させるのである。

ここに連合軍側とドイツ側の空輸作戦の差をはっきりとみせつけられるのであるが、一言にしていえばかぎりある勢力で多方面作戦に攻撃をしかけることより、連合勢力で守備範囲間に守勢をたもっていることのほうが、力関係でも補給でもはるかに有利になるということだ。

それにまた空輸に任じさせる軍用輸送機の開発、実用化の面からも、両者の思想的、能力的なちがいを知ることができる。

偉大な戦績を残した〝おばさん〟

空輸作戦のポイントは、まず輸送機の優劣、多寡によって決まることを忘れてはならない。そこで大戦前からの欧米各国の輸送機の情況から触れてみることにする。

ナチス・ドイツが再軍備宣言をしてから、その空軍力の増強は目をみはらせるものがあり、自由共産各国に大きな警戒の念

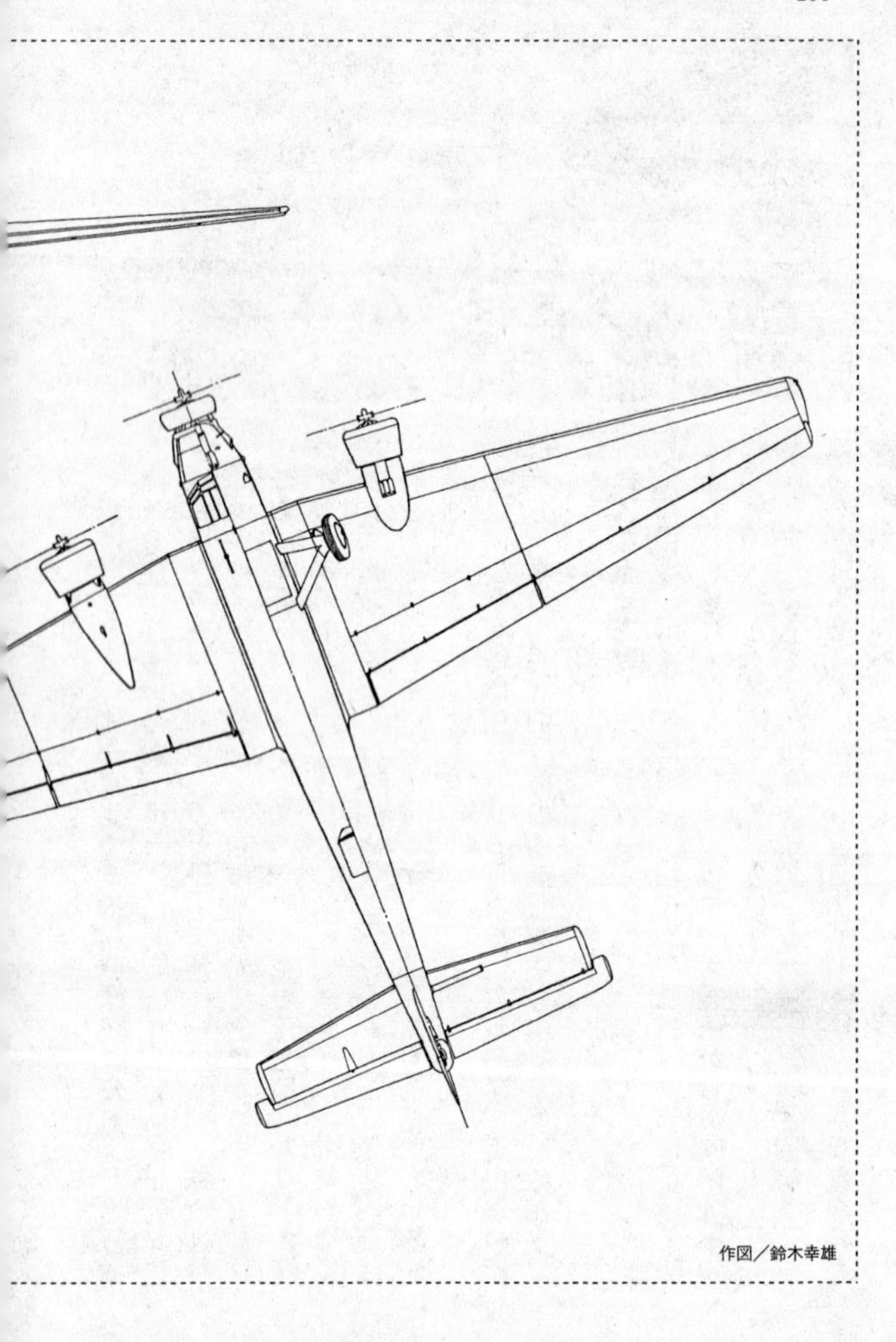

作図／鈴木幸雄

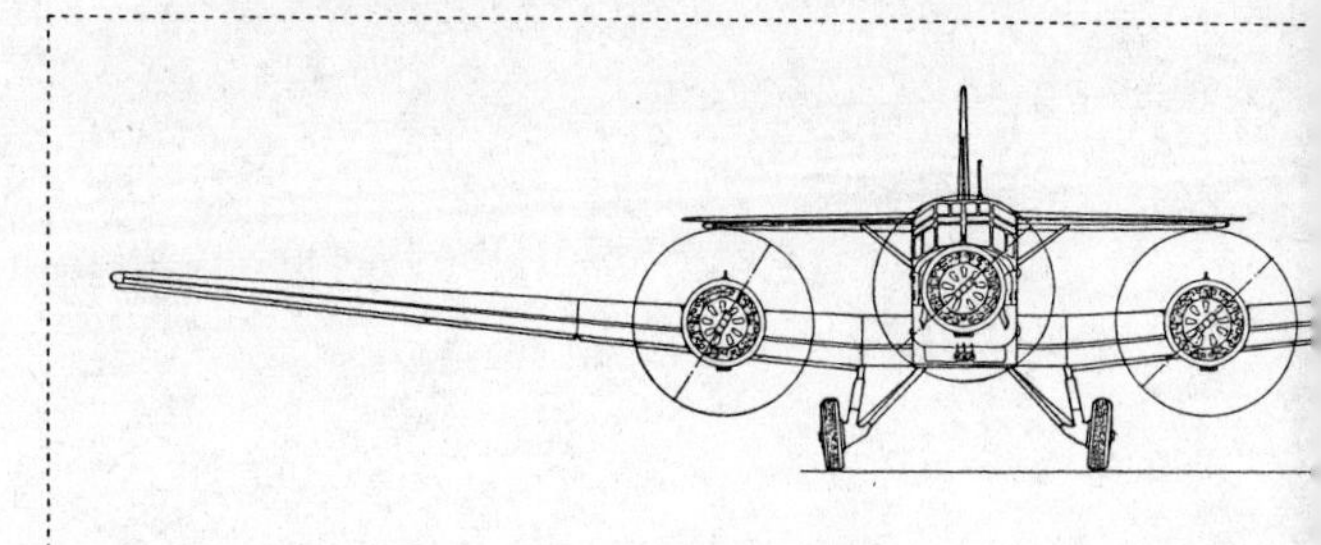

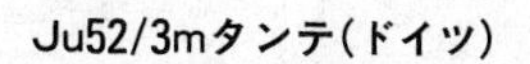
Ju52/3mタンテ(ドイツ)

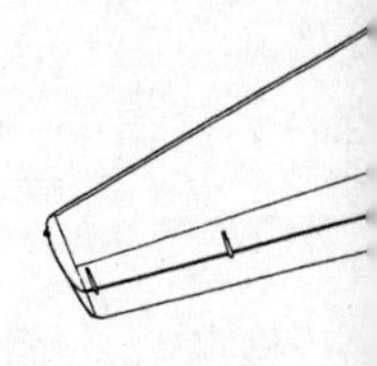

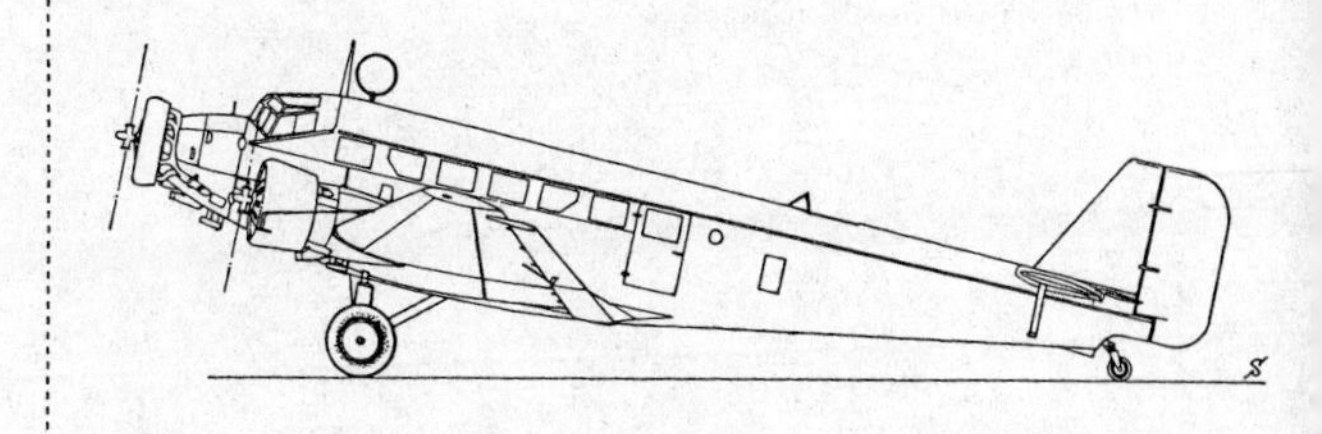

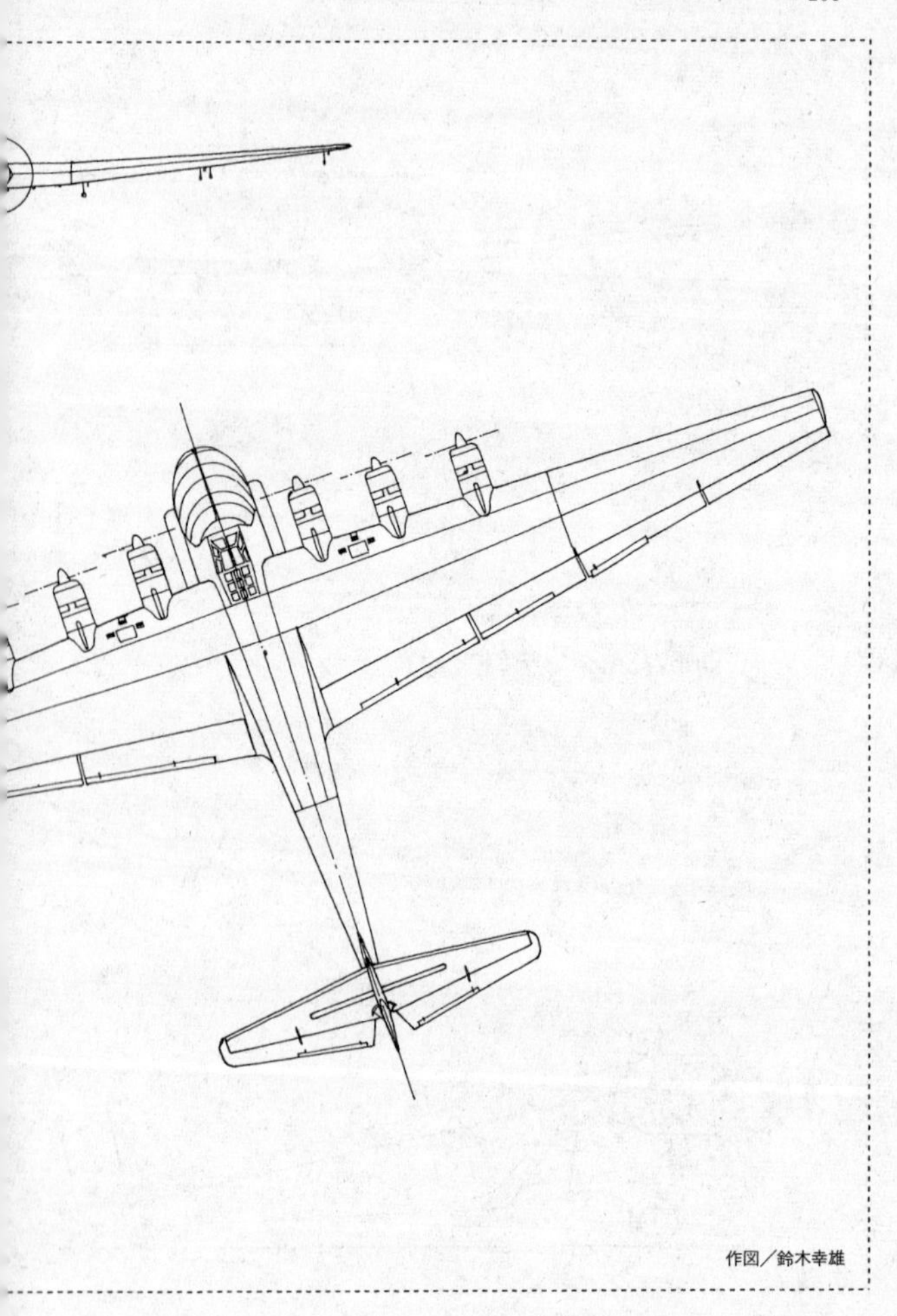

作図／鈴木幸雄

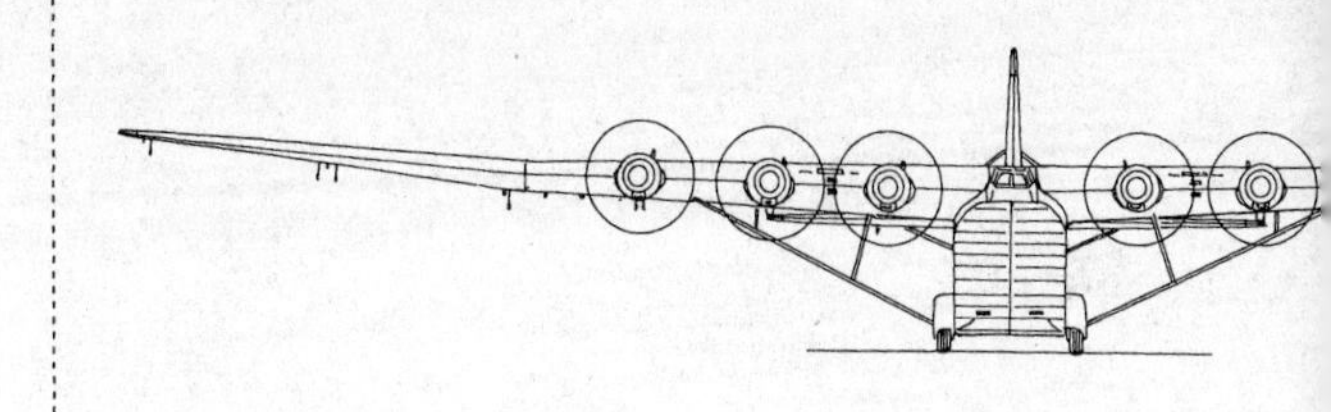

Me323ギガント（ドイツ）

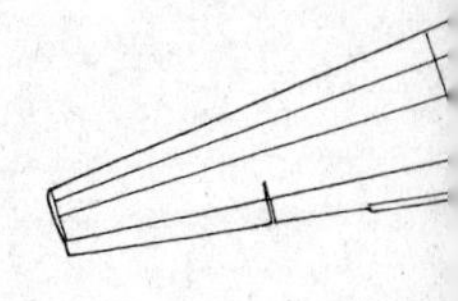

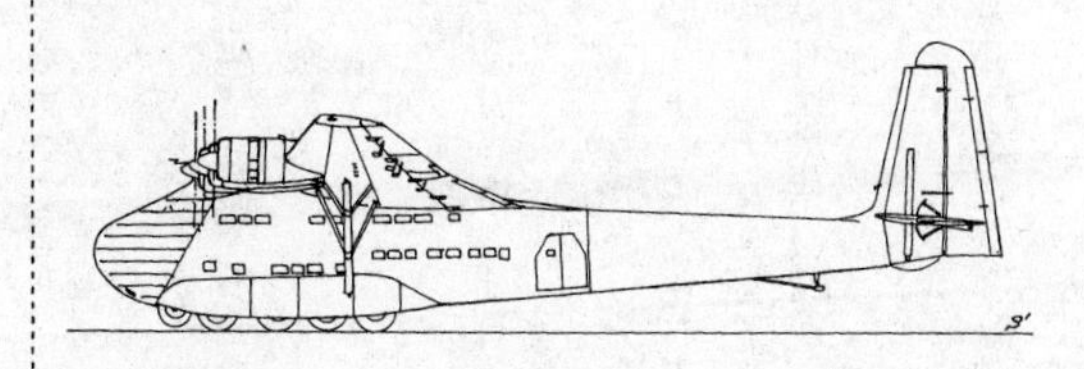

をいだかせた。もちろんその基礎は小型機、輸送機であり、その高性能が戦闘機、爆撃機にもおよんでいったからである。

第二次大戦の開始前におけるドイツ空軍の主力機は、メッサーシュミットBf109単座戦闘機、同Bf110複座戦闘機、ハインケルHe111爆撃機、ユンカースJu87急降下爆撃機、ユンカースJu88爆撃機、ドルニエDo17爆撃機と、輸送機がユンカースJu52/3mであった。いずれも電撃戦にフルに活用され、ヒトラー、ゲーリングはこれで一挙におしまくり、英本土に上陸するつもりであった。

さて空輸の中心勢力であるユンカースJu52/3mは、一九三〇年十月十三日に初飛行した単発のJu53/1を三発化し、一八ヵ月のちに進空させたのが原型だが、すぐれた離着陸性能と信頼性で好評をえて、ルフトハンザおよび外国航空会社から多くの注文をうけ、世界の空にはばたいていた。

ドイツ空軍省は、この機体の軍用化に目をつけ、ユンカースのスウェーデンにおける子会社にK45の名で試作させ、爆撃機として四五〇機発注した。

これをスペイン内乱に、コンドル軍団のなかへ二〇機入れてテストしたところ、爆撃機としては不適格なことがわかり、H

Ju52/3m を用いた空挺部隊の降下訓練。輸送のほか多くの任務に従事した同機は兵隊たちに親しまれた。

e111、Ｊｕ88、Ｄｏ17を爆撃機専門、Ｊｕ52／３ｍを軍隊輸送用とすることに決定したのである。

その一六〇機が、一九三八年三月のオーストリア併合に出動し、一九三九年の開戦時には二五〇機になっていた。これが電撃戦に大活躍したのである。

デンマーク、ノルウェー作戦では、一六〇機が空挺隊輸送に、三四〇機が兵員、兵器の輸送に用いられたが、クレタ島攻撃のあたりから低性能がめだちはじめ、ギリシャの基地から発進した五三〇機のうち三分の一以上が撃墜されてしまった。また、ソ連侵攻にも長大な後方空輸に出動して活躍したが、ソ連のラグ3、ヤク1にねらわれて、その多くを失っている。

北アフリカのロンメル軍への補給では、約三〇〇機がクレタ島から毎日、往復し、一九四二年七月から九月までの約三ヵ月のあいだに、兵員四万六〇〇〇人、兵器、弾薬、貨物、食糧など約四〇〇〇トンを空輸した。しかし、同年十月末から十一月末までの約一ヵ月間には、七〇機以上を失っている。

ドイツ兵から「タンテ」（おばさん）とニックネームを呈上されたJu52／3mの生産は、それでも年々あがっていき、一九四三年の一年間に八八七機に達した。

民間、軍用合計五〇〇〇機におよんだJu52／3mは、ドイツ軍に大きな貢献はしたが、中盤戦からその低性能にブレーキがかかり、ドイツ軍を好転させるファクターとはなり得なかった。それから次期輸送機を、なぜ開発育成させなかったのか、という疑問が残る。

読みの甘さを暴露したドイツ空軍

これについて、ドイツ空軍はまったく開発をおこたっていたのではない。Ju52／3mを近代化させたJu252の開発をすすめ、そのV4を兵員・貨物輸送用のJu352として完成させていた。

これはユンカース独特の波形外板を廃し、平滑な金属製モノ

Ju352

コック構造、ユモ211L（一三五〇馬力）液冷エンジン（すぐにBMW323空冷式に換装）をそなえ、最大速度も二六四キロ／時から四三〇キロ／時にアップされた高性能機だった。しかし、この「ヘラクレス」（ニックネーム）は戦局の悪化によって、終戦までにわずか三一機しか生産することができなかったのである。

ほかに、翼幅五五メートルの当時としてはバケモノのような巨大な輸送機、メッサーシュミットMe323「ギガント」もあった。これは前作のMe321「ギガント」大型輸送用グライダーを動力化したもので、エンジンはフランスのノーム・ローン14N一一〇〇馬力を六基そなえ、降着装置は現在の「ジャンボ・ジェット」のように胴体下の片側に五コずつの車輪を一〇コつけていた。兵員なら六〇〜八〇人、分解した戦闘機なら二、三機、ほかに車両数台を機首の巨大なカンノン開きのドアからいれるというマンモス機だったが、やはり低性能はおおいがたかった。

一九四三年のチュニジア戦線空輸に初登場し、のちにイタリア、シシリー島および北アフリカ戦線、ソビエト戦線を飛びまわったが、一九四四年までに生産されたのが二〇一機と少なく、そのほとんどが撃墜されたため、輸送実績はJu52／3mに比

DC2

すべくもない。

さらに大型輸送用グライダー、ゴータGo242を動力化したGo244（双発双胴）、四発のアラドAr232なども試作されたが、少数の生産にとどまった。

このようにドイツ空軍における空輸用の大型機は、大戦の途中で旧式化するか、実用化されないままに終わってしまうというお粗末ぶりで、ナチス空軍の弱体化をさらけだした。

すなわち、戦闘機はBf109およびBf110、爆撃機はHe111、Ju87、Ju88、Do17で大戦をのりきり、勝利をえられると考えて、四発大型爆撃機の実用化をおこたったドイツ空軍の無定見、あまさが、空輸のための輸送機にもおよんでいたわけで、こきつかわれ消耗していったJu52／3m「タンテ」こそいい災難だったということができよう。

なお、空挺隊の元勲ともいうべきスツーデント空軍大将は、空挺用飛行機、グライダー、そしてその装備、将兵の教育訓練をおこない、大戦が勃発するとともに大規模で巧妙な空挺作戦をつぎつぎと実施したが、戦前から、

「空輸用機材の開発をおこたらず、英本土侵攻用の高速高性能輸送機をそろえなくてはならない」

DC3

と、ヒトラーに進言していた。

しかし、受けいれられるところとならず、Ju52／3mに頼らざるをえなかった。ここにナチス空軍の敗因はすでに根ざしていたといえるのである。


世界中にはばたいた〝空の列車〟


さてそこへいくと、連合軍の軍用輸送機はまえにも述べたように、まことに合理的な開発と実用化で空輸作戦を成功にみちびいた。

まず、一九三二年に低翼単葉引込脚を採用し、世界における近代旅客機の祖となった双発一四人乗りのダグラスDC-2を、アメリカ陸軍はきたるべき将来の軍用輸送機たりえると判断して、一九三六年から採用することに決定し、C-32およびC-33（C-32の改良型）と名付けて発注した。C-33はさらに仕様をかえて、C-34、C-38、C-39、C-41、C-42などに発展している。

DC-2を大型化し二一人乗りとしたDC-3は、一九三五年末にデビューしたが、アメリカ国内幹線用旅客機として好評をえて、各国航空会社にも輸出されて、一九四〇年までに約五

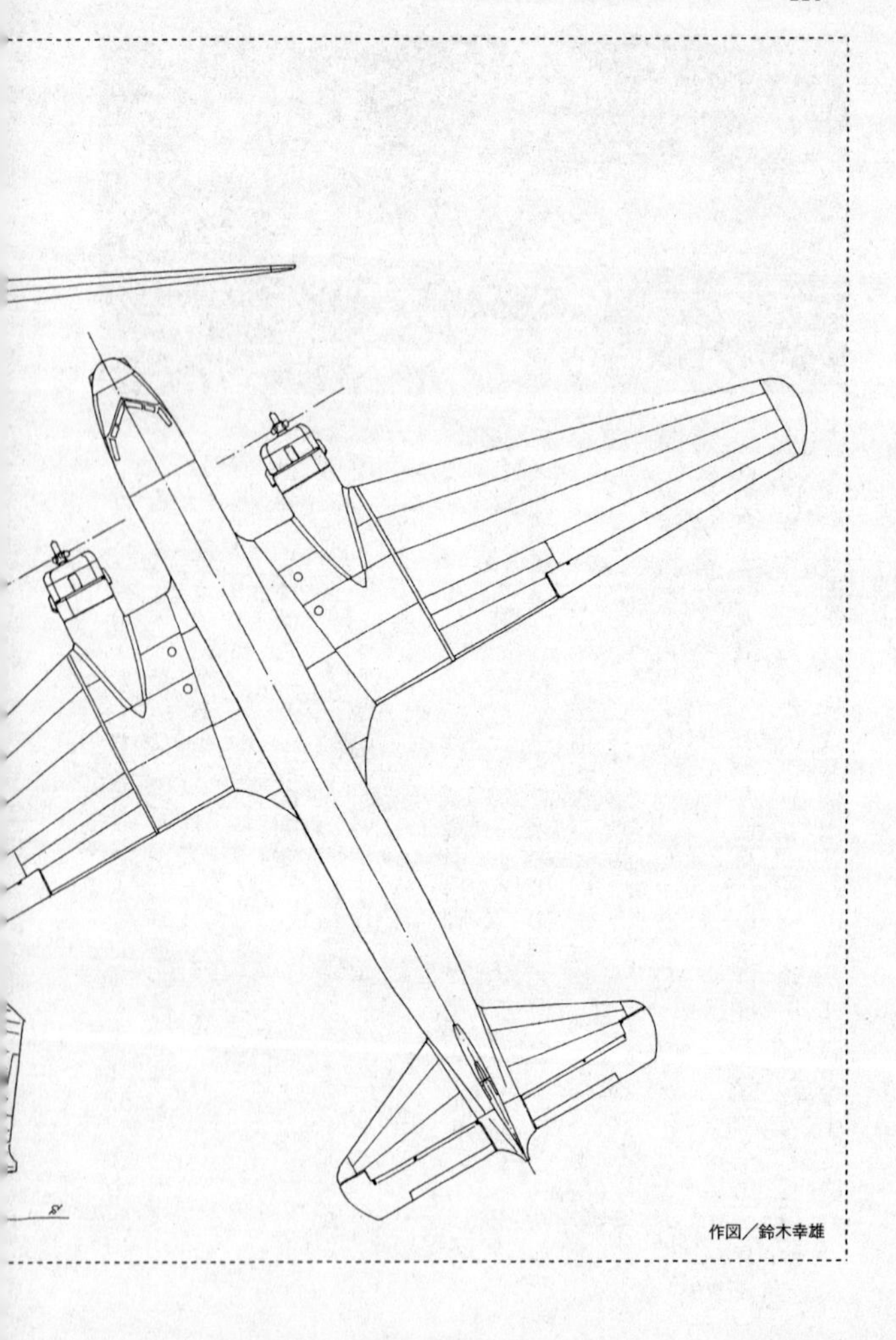

作図／鈴木幸雄

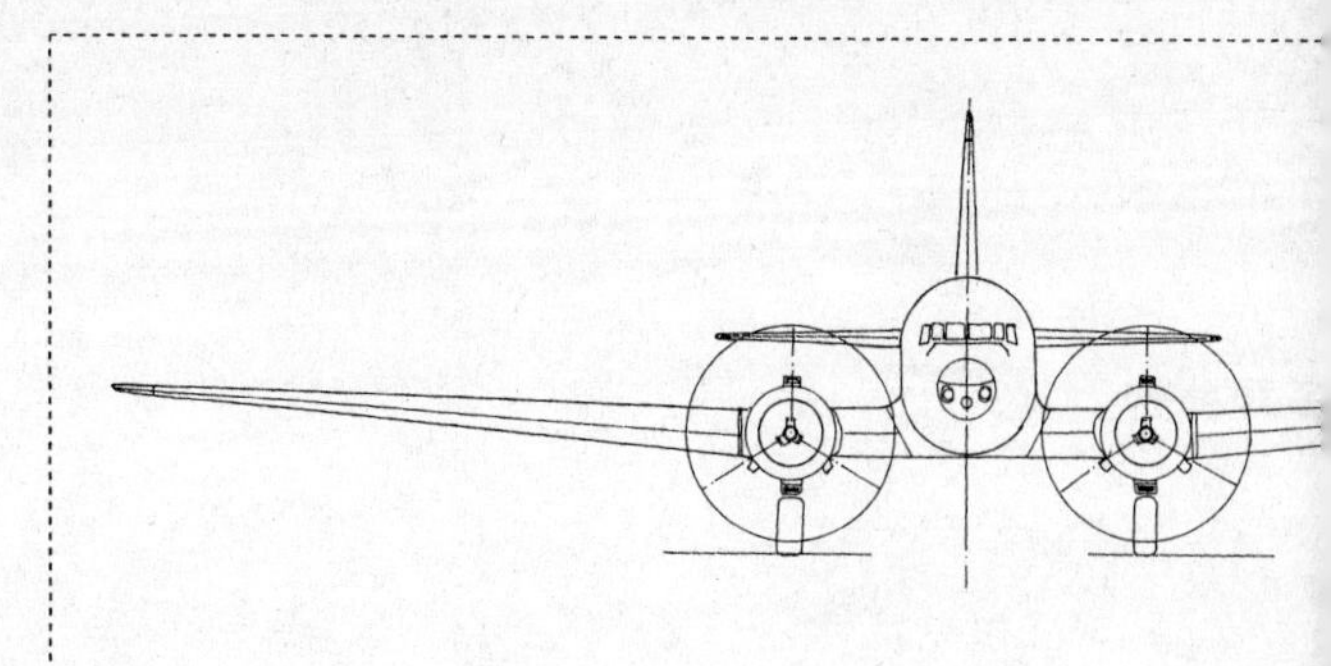

ダグラスDC-2(アメリカ)

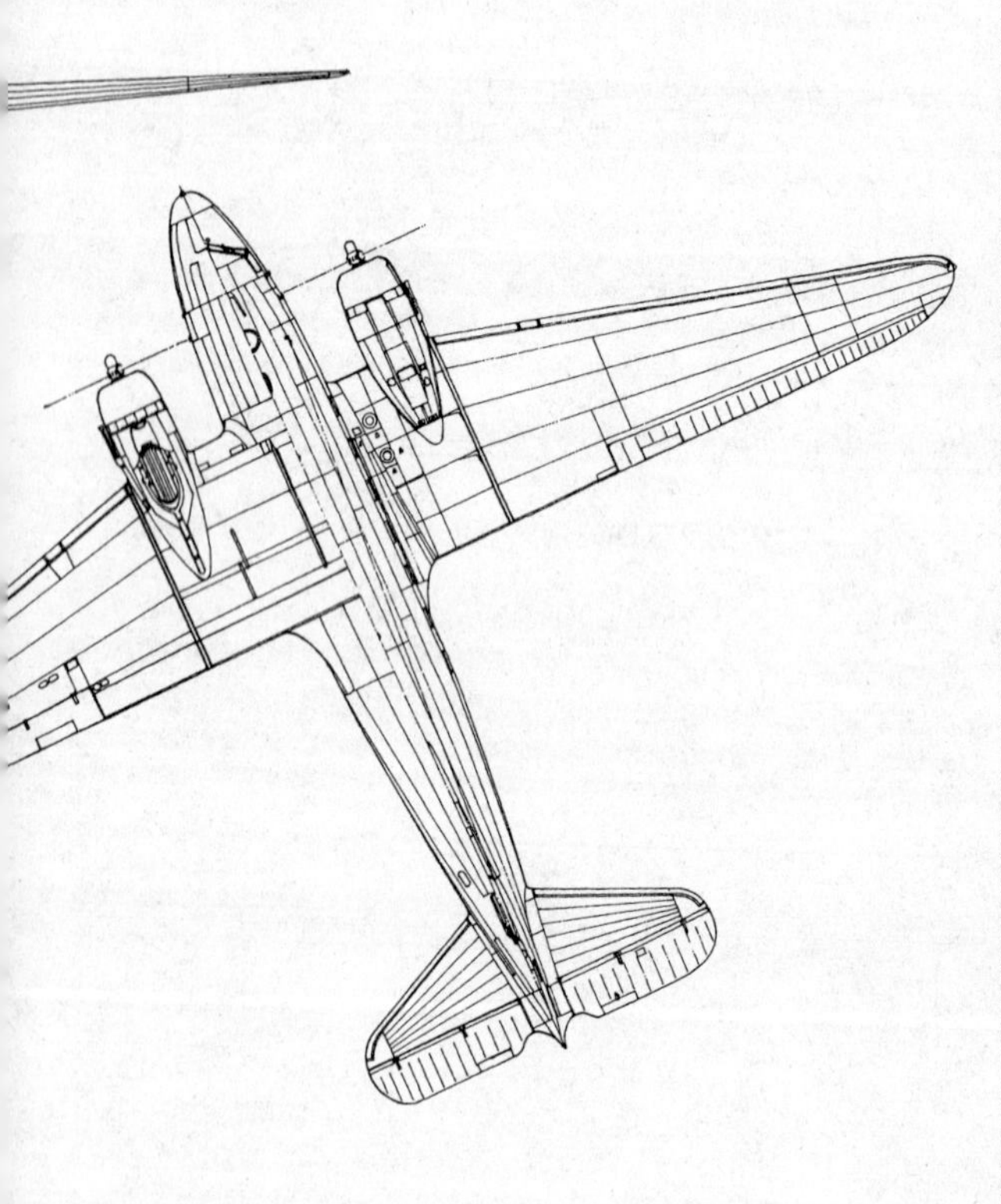

作図／鈴木幸雄

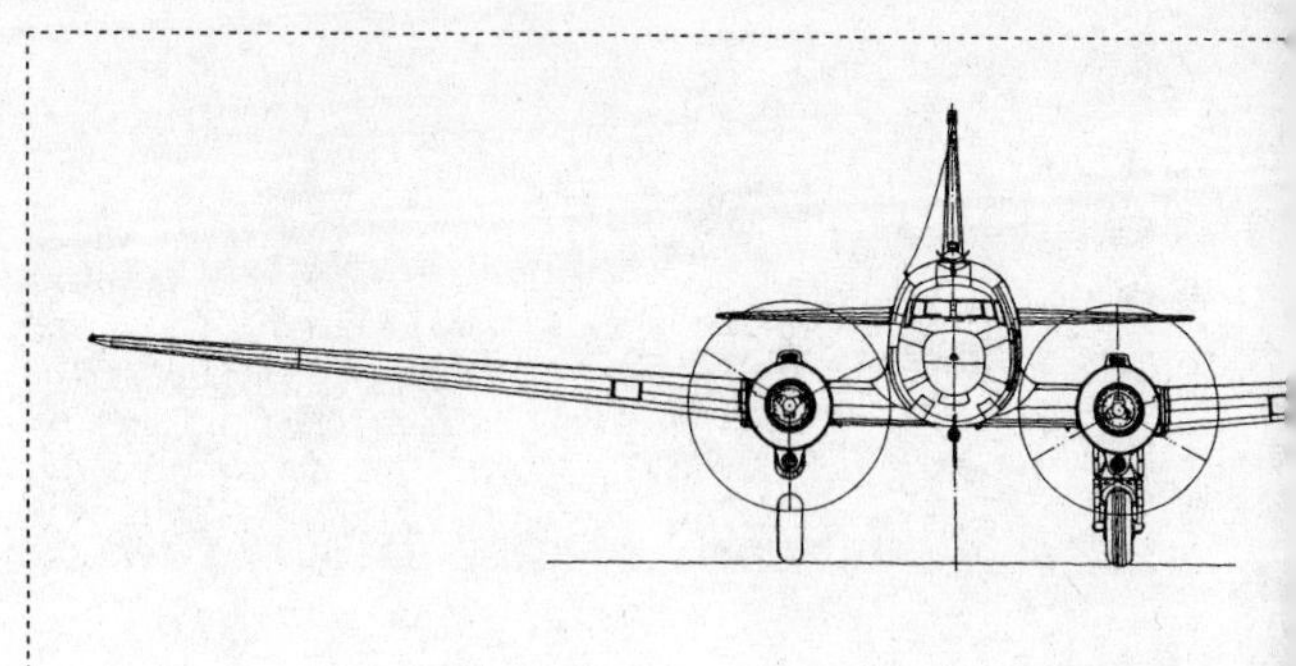

ダグラスDC-3(アメリカ)

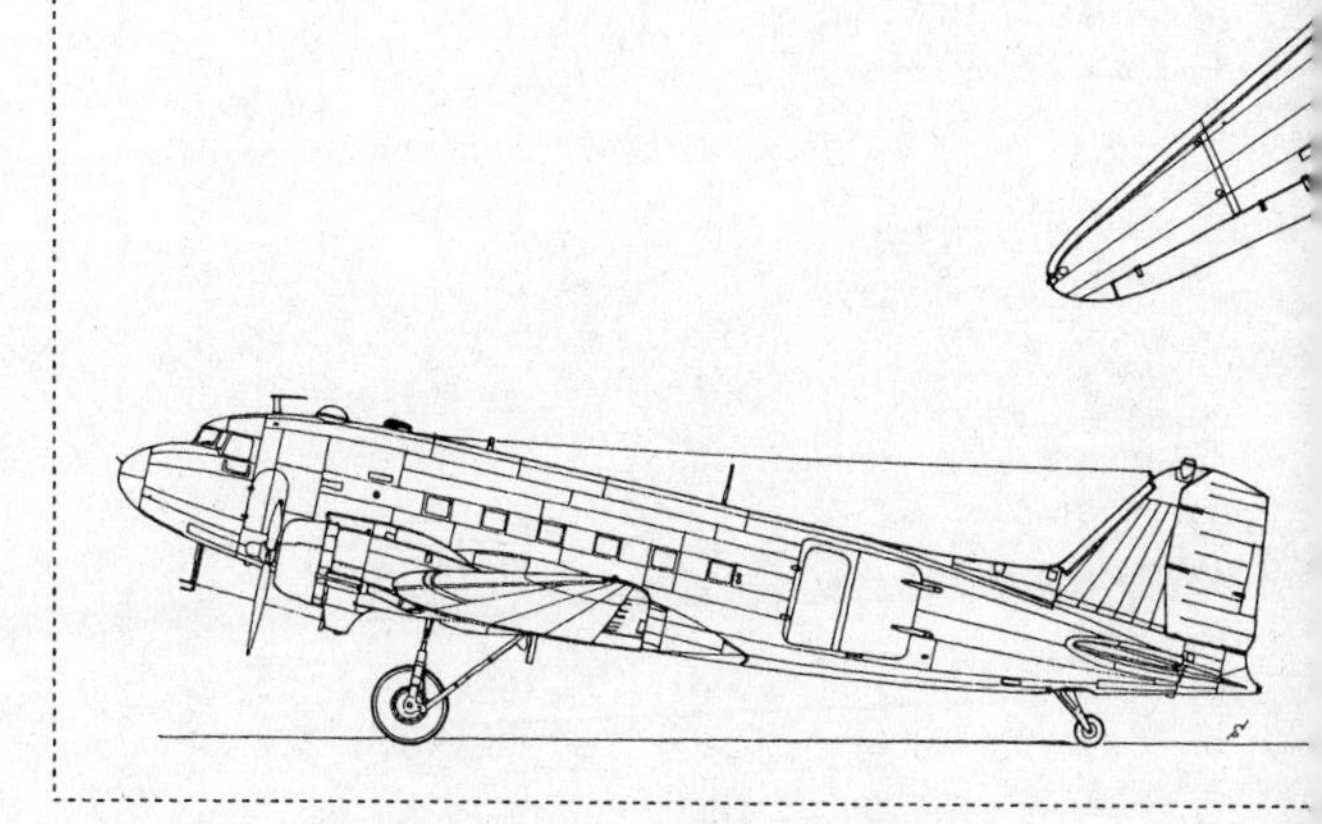

C47スカイトレイン

〇〇機を生産している。

アメリカ陸軍航空隊は、このDC‐3にもすぐに注目し、客室の床を補強し、出入口を大型の貨物ドアに、また、エンジンを強化（一二〇〇馬力）して積載量をふやすなどの改造をさせ、一九四〇年にC‐47「スカイトレイン」として採用した。

これが第二次大戦で、あれほどの活躍をしようなどとは思ってもみなかっただろうに、この適材適所ぶりはやはり飛行機王国アメリカであり、ビジョンのしっかりしているアメリカ軍部である。カリカリしているだけで読みの浅いナチス・ドイツとは、おっとりしていても、まるで内容がちがうのである。

こうして生産にはいったC‐47は、まず九五三機がつくられたのち、C‐47Aが四九三一機、C‐47B（二段過給器付）が三一〇八機、TC‐47B（航法練習用）が一八三機の計九一七五機以上も生産された。軍用輸送機としてこれだけつくられたのは、まさに空前絶後のことである。

一九四二年にはC‐47の援英機である「ダコタ」が、北大西洋を越えて空輸された。これは、「ダコタ」1で五一機、ついで「ダコタ」2が数機、「ダコタ」3が九四九機とつづいて、兵員、物資の輸送に活躍した。「ダコタ」4は約八〇〇機がイ

1943年7月10日、シシリー空挺作戦に参加した米落下傘部隊員

ギリスへむかうはずだったが、うち五七〇機はカナダ空軍にふりむけられた。

一九四二年七月一日、アメリカ陸軍航空隊にATC（航空輸送司令部）が設けられると、C－47はその主力機におさまり、さらにTCC（兵員空輸司令部）にもつかわれることになった。すなわち空挺隊の兵員輸送およびグライダー曳航用である。

一九四三年七月十日、連合軍はシシリー島上陸を敢行し、C－47は兵員輸送機の主力として参加、四三八一人のパラシュート兵を投下している。

もっとも大きな空輸作戦は、やはり一九四四年六月六日のノルマンディー上陸作戦で、投入された輸送機二三一六機のうちC－47は「ダコタ」（援英C－47）をふくめ約半数に達した。そして作戦の最初の二昼夜間に約六万名のパラシュート兵および兵器、物資を空輸した。

民間用ダグラスDC－3は各国に輸出され、あるいはライセンス生産されて、日本の中島飛行機でも輸入機四機（うち三機は大日本航空用）のあと、海軍の零式輸送機として七一機を生産（ひきつづき昭和飛行機で四一六機を生産）、陸軍のロッキード14（ロ式）とともに敵国機の生産という恥をさらしたが、しか

DC4

し、これが日本ばかりでなく、ソ連、オランダなどでもコピー生産していたのだから、いかにこのDC－3が傑作であったかをものがたるであろう。
アイゼンハワー将軍（連合軍最高司令官）は回顧録のなかでつぎのようにいっている。
「戦争にもっとも貢献した兵器はつぎの三つ、すなわちC－47、バズーカ砲、ジープである」

民間型から発達した米軍輸送機

DC－3のあと四発のDC－4シリーズ軍用型輸送機が送りだされることになるが、ここにアメリカの驚異的な空輸ビジョンと開発力、生産力をあらためて知る。

すなわちアメリカが参戦したころは、太平洋、大西洋を横断することのできる長距離四発輸送機は考えられておらず、アメリカ大陸横断用のDC－4Eだけが試作されていた（これは一九三八年六月二十一日初飛行。原型が日本に売却された）。

このEをやや小型にしたDC－4Aが、アメリカン航空その他から発注され、生産中に太平洋戦争がおこったのであるが、一九四二年にはいると陸軍航空隊は、ほとんど民間型のままの

C54スカイマスター

DC-4AをC-54「スカイマスター」として発注した。この三四機のあと、やや手をくわえた軍用型C-54Aを二〇七機、C-54Bを二二〇機（C-54Cは大統領専用機）、C-54Dを三五〇機、C-54Eを七五機、C-54Gを七六機というように、大戦の後半、太平、大西両洋をこえて活躍させたのである。
終戦までに総計約八万回も大洋横断飛行をしているが、失ったのはわずか三機だけ。大西洋の軍事定期便は、一日二〇便あったという。この信頼性は、プラット・エンド・ホイットニー（R-2000-7・一二九〇馬力）エンジンに負うところが大であったが、このような四発機（ボーイングB-17、同B-29、コンソリデーテッドB-24などをふくめ）の実績が戦後の世界をおおう民間航空の基礎となった。
このC-54は、一九四四年九月十七日の連合軍によっておこなわれたオランダにおけるマーケット・ガーデン作戦でも活躍した。
爆撃機（八五二機）と戦闘機（一五三機）の地上制圧ののち、C-54をふくむ一四八一機の輸送機と四二五機のグライダーが三コ空挺団を降ろし、翌十八日に兵員、兵器、物資をC-54を主とする一三〇六機の輸送機（および一一五二機のグライダー）

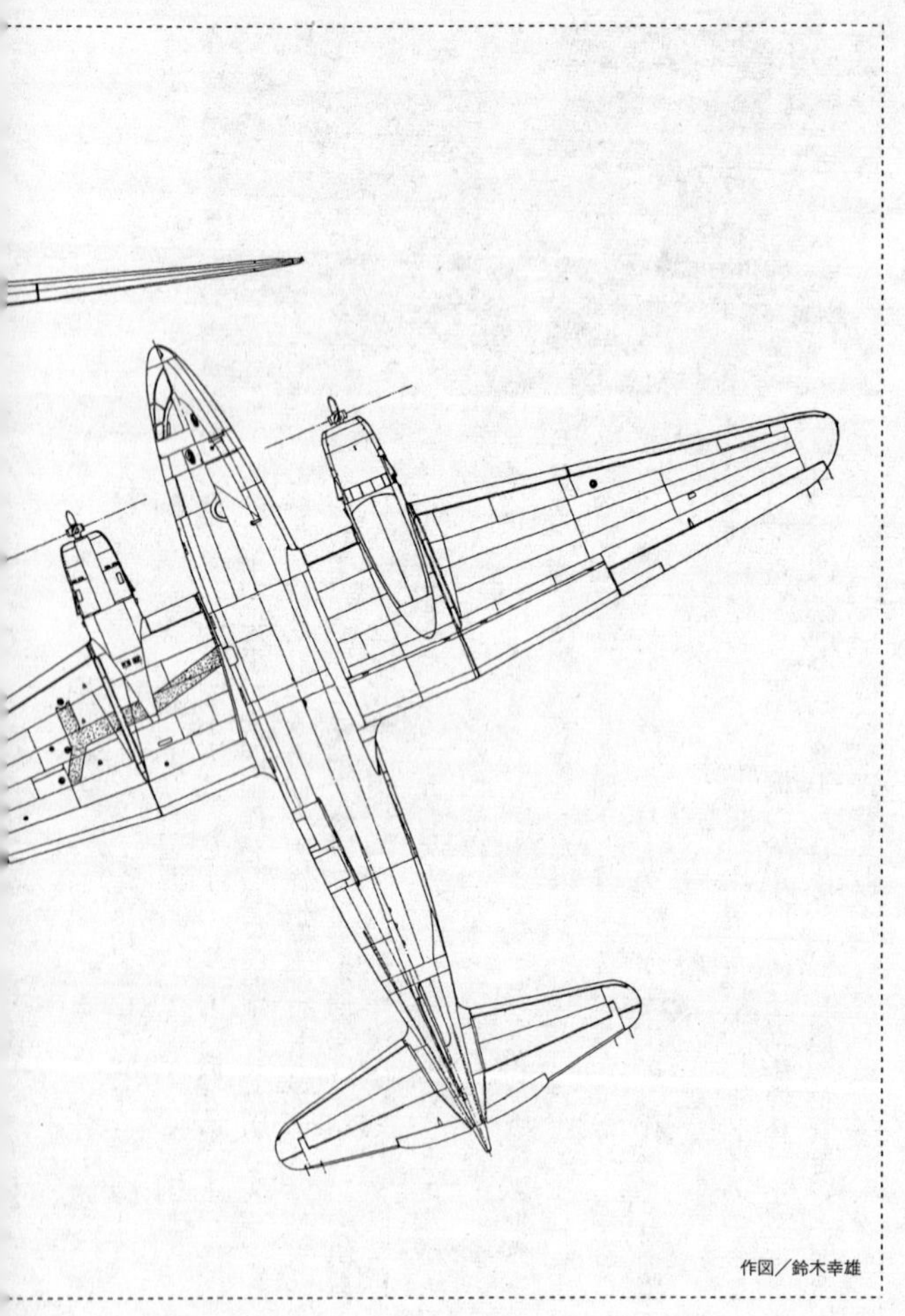

作図／鈴木幸雄

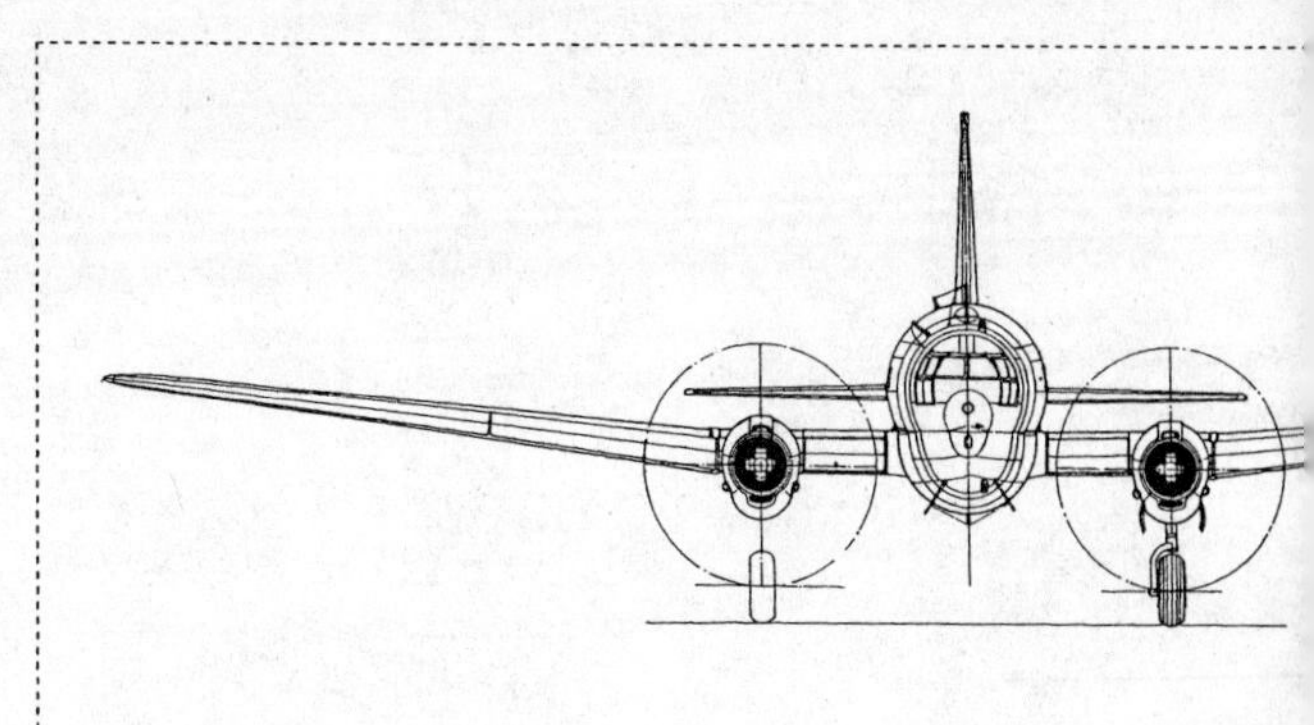

カーチスC-46コマンド(アメリカ)

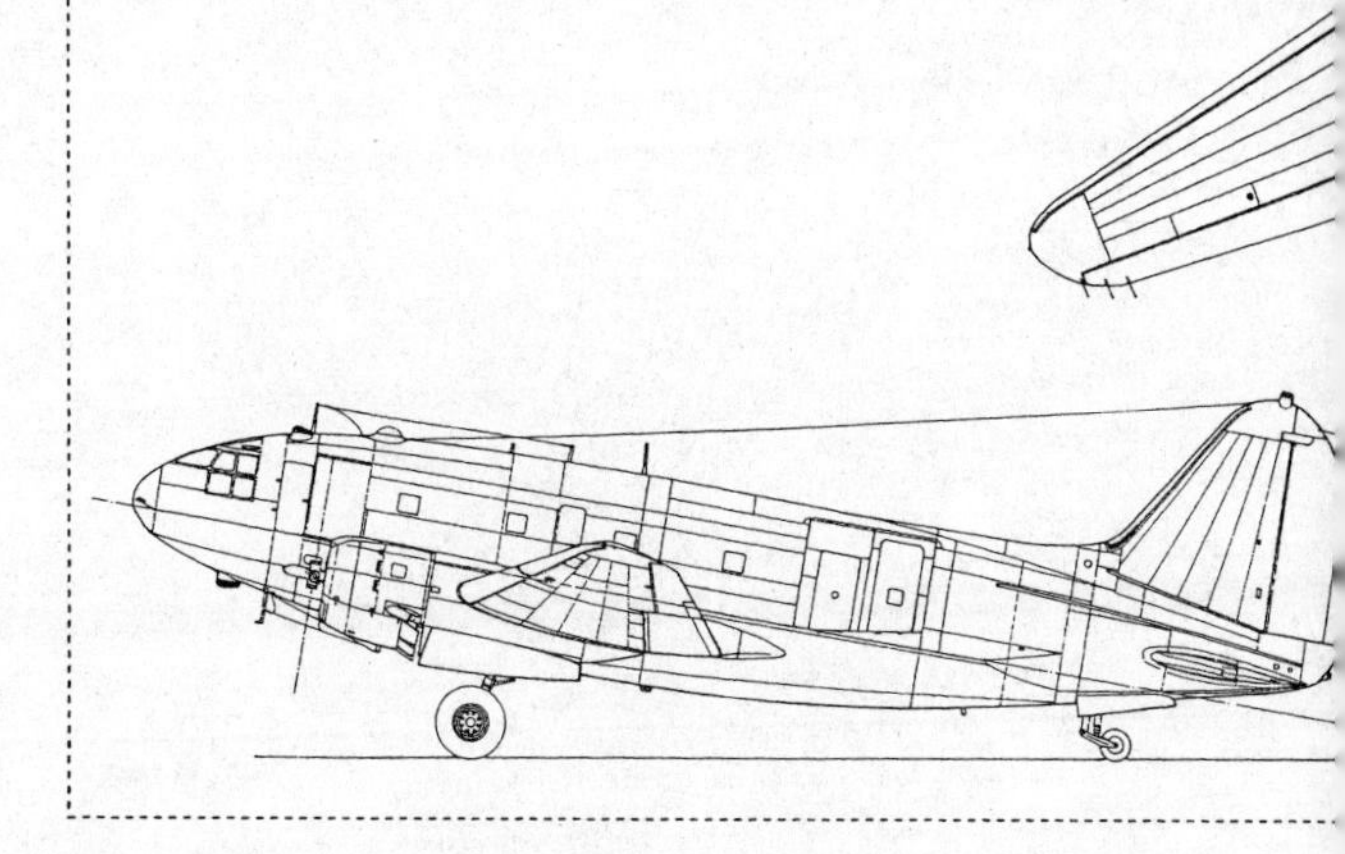

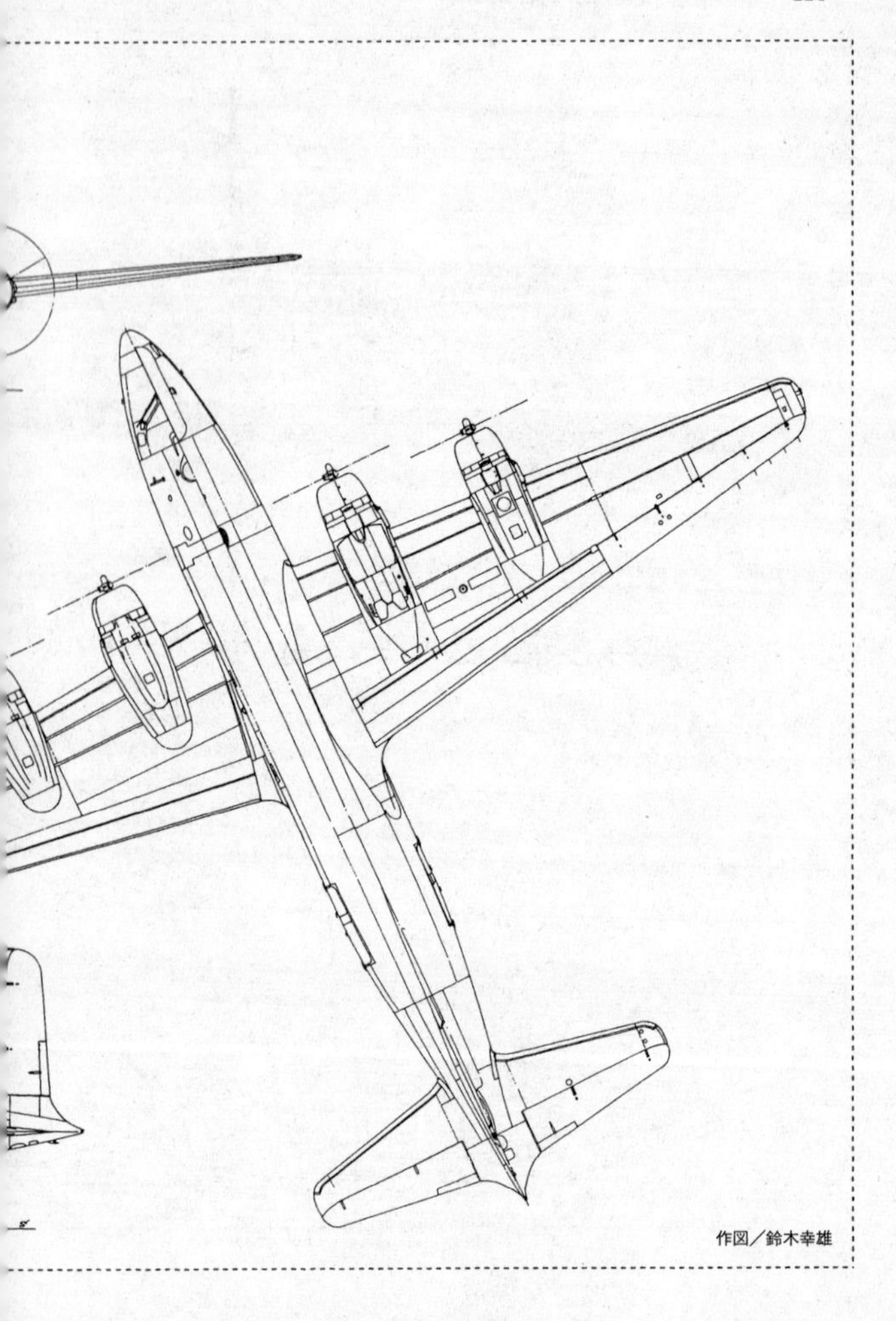

作図／鈴木幸雄

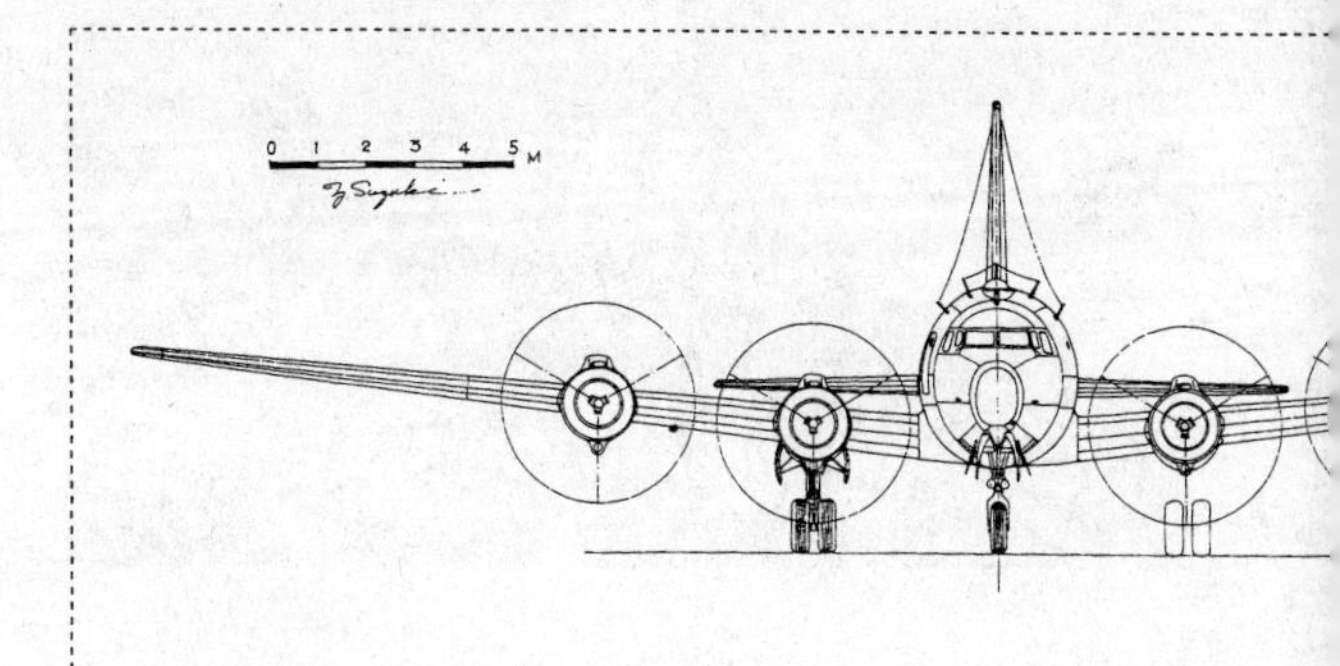

ダグラスC-54スカイマスター(アメリカ)

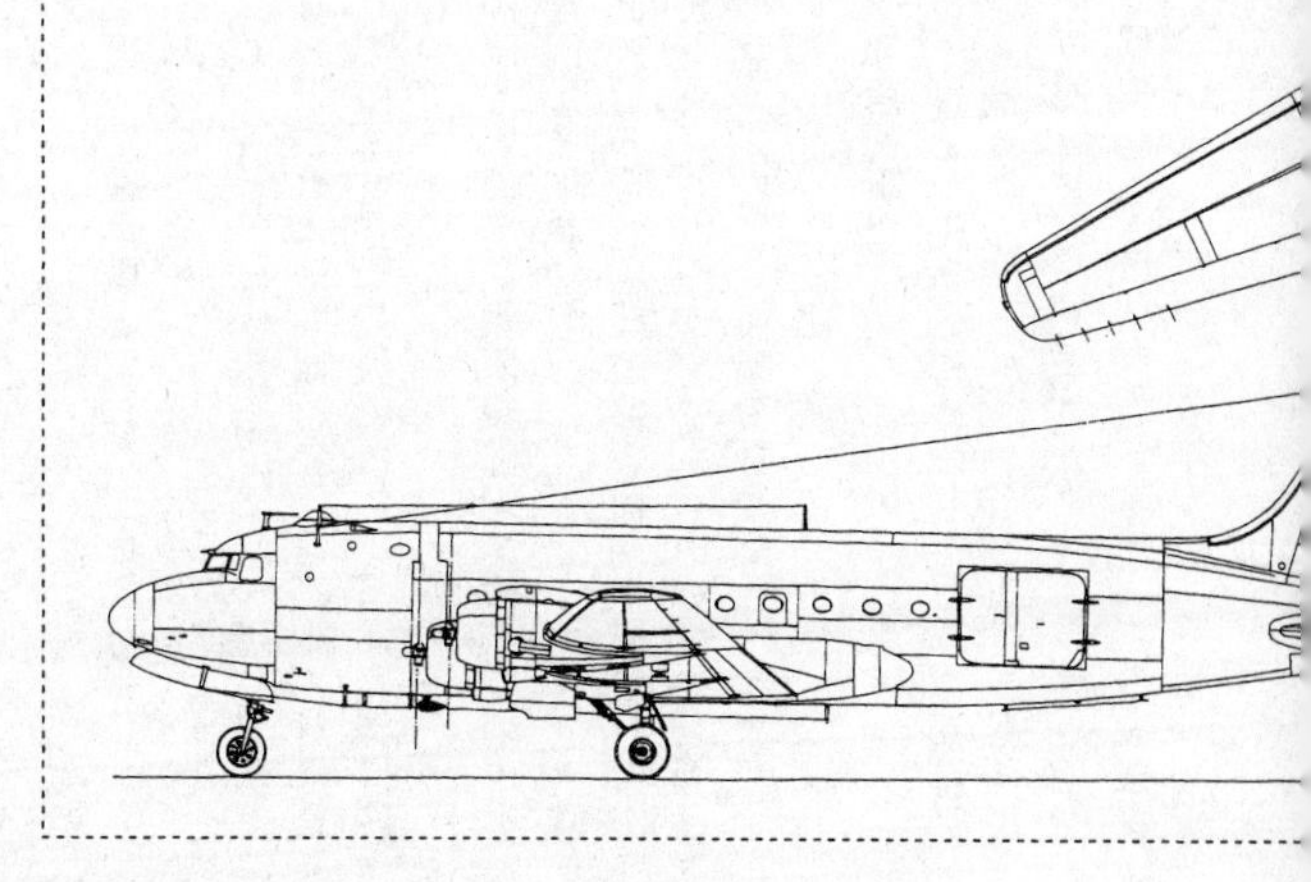

C46コマンド

で送りこんだものである。
これは史上最大の空挺、空輸作戦といわれ、C-47、C-54の真価をいかんなく発揮したのであった。
もう一つ、カーチスC-46「コマンド」（CW-20の軍用名）も忘れることはできない。これは一九四〇年三月二十六日に初飛行した、双発機として陸軍航空隊最大の機体で、四発機に匹敵する胴体内容積をもっていた。
兵員、貨物の輸送に適するような左側後部胴体に大型のドアをつけ、完全武装兵を四〇名搭載できた。
A、B、D、E、F各型の合計約三〇〇〇機が生産され、主として太平洋方面にわりあてられたが、ヨーロッパでの初陣は一九四五年三月四日のライン川東方作戦であったという。

アメリカ頼みの英ソ輸送機事情

ところでイギリスは、こと軍用輸送機に関してはわずかにアブロ「ヨーク」四発輸送機のみで、ほかに生産されたことを聞かない。しかしアメリカからダグラス「ダコタ」同「スカイマスター」（これは一〇機のみ）を供与され、大陸反攻の大きな戦力としている。

アヴロ・ヨーク

これをみてもわかるように、イギリスはアメリカとの協定によって、輸送機の試作、生産はおこなわず、もっぱらアメリカからの供与に頼ることとなっていた。つまりイギリスの国力からして、戦闘機、爆撃機の生産に追われ、とても輸送機まで手がまわらなかったからであり、ここに連合国相互間のチームワークのよさ、息のあっていたことをつくづくと悟らされる。

いっぽう、ソ連でも独ソ戦開始以来、国内における防戦で補給には面倒はなく、ドイツ空軍の空輸を攻撃するだけという戦いであった。スターリングラードを奪回したのち、反攻に転じて逆にドイツになだれこんだソ連軍への空輸は、やはりアメリカの援ソ機C－47であった。

このように、ヨーロッパ航空戦の空輸に関するかぎり、アメリカのC－47、C－54の一方的な活躍におわり、ドイツのJu52／3mは緒戦のアダ花であった。

いま概算してみると、アメリカおよびイギリスが第二次大戦全期間におこなった空輸量は、兵員、兵器、物資、食糧などを換算して、じつに一〇〇〇万トンにおよぶであろう。のべ数十万機におよぶ連合軍の軍用輸送部隊のおこなった空輸作戦こそ、ナチス・ドイツを屈服させたといって過言ではない。

緒戦期の華 第一航空艦隊――雑誌「丸」別冊・戦史と旅二十五号・平成十二年十一月

米第五艦隊 その不敗の伝説――雑誌「丸」別冊・戦史と旅二十五号・平成十二年十一月

一日でわかる世界の代表的空母『フライト・デッキ』変せん一覧――雑誌「丸」昭和五十七年一月号

伝説の艨艟が真価を発揮する時――雑誌「丸」平成十年五月号

一目でわかる主砲搭載法識別図――雑誌「丸」昭和四十八年四月号

荒らくれマリーンの『起源と戦歴』大ヒストリー――雑誌「丸」平成二年十二月号

陸上戦術を変革した驚異の西方電撃戦――雑誌「丸」平成十三年三月号

史上最強〝ソビエト自動車化狙撃師団〟の系譜――雑誌「丸」昭和六十三年六月号

ヒトラー打倒の主力火器『カチューシャ』の伝説――雑誌「丸」平成二年四月号

図説／戦爆オペレーションを成功させるための七つの条件――雑誌「丸」昭和五十八年五月号

連合軍VS.ヒトラー 欧米大空輸作戦めもらんだむ――雑誌「丸」昭和五十六年十二月号

解説――最強部隊はこうして生まれる

藤井　久

◆なにより敵にまさる装備を

近代的な小銃の祖をプロイセンのドライゼ銃に求めるとすれば、かれこれ二〇〇年の歴史がある。そのため小銃の技術的な完成度は非常に高いものとされており、その技術革新はもう過去の話とされていたようだ。ところが最近になって口径の見直しなど技術のブレークスルーが始まっていると聞く。

どうして今になってもそんな動きが見られるのか。それは小銃が陸海空軍を通じて基本中の基本となる装備だからだ。最強、最良、最新の小銃を手にすれば将兵の士気は高揚し、世界に冠たる最強部隊が生まれると期待できるので、その研究開発が進められているのだろう。

第二次世界大戦の戦史を見ると、緊要な戦場で勝利を収めた軍隊には、必ず敵を圧倒する兵器を装備した部隊が存在している。ソ連軍ならばT34中戦車を装備した戦車大隊、ＢＭ13多連装ロケット砲（カチューシャ砲）を装備した噴進迫撃砲大隊だ。七六ミリという大口径砲を搭載し、雪原や泥濘地をものともせずに突進してくるT34戦車を見たドイツ軍は、驚愕してたじろいだことだろう。轟音がとどろいたかと思えば、突然目の前が火の海と化するBM13の斉射がドイツ軍に与えた心理的影響には絶大なものがあった。

敵に与えた損害や心理的な影響と同じく重要だったのは、味方に必勝の信念を植え付けたことだった。T34戦車装備の戦車旅団を回してくれた、BM13部隊で火力支援をしてくれる、これでもう大丈夫、負けるはずがないと士気が高揚して最強部隊が生まれる。これがソ連軍に勝利をもたらした。

第二次世界大戦における米軍は、大量生産の大量消費と物量で押しまくり勝利をものにしたというイメージが強いようだ。それを否定するものではないが、「勝利は納税者の血でかち取るものではなく、納税してもらったドルで敵を圧倒する」というアメリカ独特な戦争哲学を実践し、潤沢な資金を投入した新装備の開発も勝利の決め手となった。その代表が核兵器、そしてB29爆撃機、ナパーム弾であり、これが日本を敗北に追い詰めた。

日本海軍を壊滅させたのは、米海軍の空母機動部隊だった。この空母の集中使用というコンセプトは皮肉なことに日本海軍が編み出したものだったが、アメリカ海軍は単なる模倣ではなく、装備の技術革新と結び付けた。

空母は航空機を昇降させるリフトという大きな開口部があり、高い位置にある飛行甲板は装甲しにくく、しかも可燃物を多く抱えているので、攻撃に弱い宿命を抱えている。それならばと米海軍は強力な防空能力を備えた艦艇で空母を取り囲み支援してやるという戦法を編み出した。同時に空母自体の個艦防空能力を極限まで高めるというコンセプトを打ち出した。これで生まれたのが、五インチ高角砲一二門、四〇ミリ機関砲六八門、二〇ミリ機関砲一〇〇門搭載という針ネズミのようなエセックス級空母だった。

そして連合国が決戦の年と定めた一九四四（昭和十九）年までにエセックス級空母十数隻を主力とする最強艦隊を太平洋に展開させれば、不敗の態勢が確立するとし、それが現実となった。

◆だいなしにされた技術的な奇襲

奇襲によって戦端を開くと真珠湾攻撃のように道義的な問題に発展するが、それ以下のレベルでは常に追求すべきことだ。この奇襲の要素には、時と場所。戦法などがあるが、技術的な奇襲、すなわち知られざる新兵器による奇襲も効果的だが、それには条件がある。新規開発の機械には不可避な初期故障を時間をかけて克服し、大量生産が始まるまでは使用を我慢し、そして一挙に全力を投入してこそ所望の奇襲効果を発揮する。

これは一九一六（大正五）年九月のソンム会戦においてイギリス軍が犯した誤りから導き出された教訓だった。あの時点でイギリス軍は、戦車を一五〇両保有しており、フランスに送られたのは六〇両だった。そして故障が頻発して攻撃発起線に着いたのは三二両で、歩兵を先導して進んだのは九両、それに続いたのが九両、九両は故障で脱落、残る五両は砲撃によってできたクレーターにはまり込んで動けなくなった。これでは期待した技術的な奇襲効果が生まれるはずもない。

戦史や技術に通じていたとされるアドルフ・ヒトラーだったが、ソンム会戦のイギリス軍と同じ間違いを犯した。個人的な興味からか新型戦車の威力を知りたがったヒトラーは、一九四二年九月に最初のⅥ号戦車の実験中隊をレニングラード戦線に投入した。そこは戦車にとって最悪な湿地帯の中の一本道だった。たちまち先頭と後尾の戦車が擱座し、中隊は動きがとれず瓦解した。

この戦闘でⅥ号戦車を鹵獲したソ連軍は、新型兵器の全貌を解明したばかりか、その弱点も突き止めた。これでⅥ号戦車が十二分に秘めていた技術的な奇襲効果はふいになった。一九四三年七月からのクルスク会戦では、Ⅵ号戦車が本格的に投入されたものの、この怪物の弱点までを知っているソ連兵はパニックを起こさず冷静に対処した。

ナチス・ドイツが開発した巡航ミサイルの始祖ともいうべきＶ１号（復讐兵器第一号）、弾道ミサイルそのもののＶ２号は、戦勢を一挙に転換させる技術的な奇襲になり得るものだった。ところがこれまた最初から大量に投入して敵の度肝を抜くという技術的な奇襲の原則を守らず、さらに実戦投入の好機を逃したため、ドイツ軍が望んだような救国兵器とはならなかった。

連合軍によるノルマンディー上陸作戦からちょうど一週間後の一九四四年六月十三日、最初のＶ１号が英仏海峡を越えたが、ロンドンに落達したのはわずか四発だったという。これでは連合軍に心理的な衝撃を与えることはできず、フランスに上陸されたことへの単なる腹いせかと軽く見られても仕方がない。

　これがもしノルマンディー上陸部隊を揚搭中の五月下旬、イギリス本土の港湾地域に向けて大量に発射されれば、それなりの軍事的な効果はあっただろう。そしてしばらくして性能諸元や誘導の技術などが解明されれば、沿岸部の防空火網、内陸部に入って戦闘機による哨戒網、そして最後は気球による阻塞とで阻止されることとなった。

　V２号による攻撃は、一九四四年九月八日にロンドンへ二発、パリへ一発で始まった。これまた技術的奇襲達成の原則に反するものだった。このV２号を撃墜することは不可能だから、絶対的な究極兵器になる可能性はあった。しかし、射程が二〇〇マイルと判明すれば、その線までを占領すれば良いだけの話となる。また連日、連合軍は数トンの爆弾を搭載する重爆撃機一〇〇〇機にもおよぶ戦略爆撃を展開しているのだから、弾頭一トンのV１号、V２号を連射しても蜂の一刺しといったところだ。この種の兵器は大量破壊が可能な弾頭と組み合わさなければ意味がないのだが、技術大国のドイツがそう考えなかったとは不思議なことだった。

◆最強部隊を生む運用、装備、補給のバランス
　第二次世界大戦中のヨーロッパ戦線における最強部隊となると、どうしても死闘を重ねたドイツ軍とソ連軍に目が向き、米陸軍の影が薄いように思われる。米軍の主力戦車M１シャーマンは、いかにもマスプロの産物で無味乾燥、武骨一点張りという印象になり、ドイツ軍

やソ連軍の戦車のようなインパクトに欠けるから、部隊にも関心が向かないのだろう。しかし、現代の戦争というものは、部隊運用が軽快か鈍重か、周辺を固める装備も含めた装備全体の評価、そして補給能力を総合して判定されるから、おそらく米機甲師団が最高得点を叩き出したはずだ。

米陸軍は第二次世界大戦中、一六個の機甲師団を編成したが、その一九四三年型編制では、戦車大隊三個、機甲歩兵大隊三個、機甲野砲兵大隊三個、機甲工兵大隊一個、騎兵偵察大隊一個を基幹とし、人員一万一〇〇〇人、中戦車一八六両、軽戦車七七両、一〇五ミリ自走砲五四門、ハーフトラック五〇〇両という陣容だった。

師団司令部の下にはA、B、R（リザーブ＝予備）の各戦闘団本部があり、戦況に応じて柔軟に各大隊を組み合わせる。コンバットAは戦車二個大隊と歩兵一個大隊、Bは戦車一個大隊、歩兵二個大隊、砲兵一個大隊という具合だ。これは流動的な機甲戦に適した部隊の運用法とされ、現在でも各国で採用されている。

一九四四（昭和十九）年十二月、ドイツ軍のアルデンヌ攻勢によって米第一〇一空挺師団と第一〇機甲師団の一部がベルギーのバストーニュで包囲された。この解囲にあたりまず地上から連絡するため第四機甲師団のコンバットRが突入することとなった。これは第三七戦車大隊と第五三機甲歩兵大隊からなるが、両大隊とも戦力回復中ですぐに動かせるのは戦車二〇両、歩兵中隊一個だけだったが、これでコンパットRを編組した。

ドイツ軍の包囲を突き抜ける部隊の先頭は、装甲を強化したM４戦車「ジャンボ」五両、次に歩兵が搭乗したM3ハーフトラックが四両、後尾は「ジャンボ」四両で固める。この突破部隊を指揮するのは、戦車大隊長のクレイトン・エイブラムス中佐だった。そして十二月二十六日、午後四時過ぎから突破を開始、三〇分で六キロをダッシュして包囲されているバストーニュに飛び込んだ。なおエイブラムス中佐は、一九七二年から陸軍参謀総長を務め、新装備の導入に尽力し、M1戦車にその名前が冠されることとなる。

一九四五年三月、ライン川に架かるレマーゲン鉄橋を迅速に奪取したのは第九機甲師団のコンバットBだった。これは大きな部隊で歩兵大隊二個、戦車大隊一個、砲兵大隊一個、これに第九歩兵師団からの歩兵連隊一個、砲兵大隊一個で増強されていた。戦闘団長はウィリアム・ホージ准将、彼は工兵出身でアラスカとカナダを結ぶハイウェー建設に従事し、ノルマンディー上陸作戦では戦闘工兵旅団長だった。そして朝鮮戦争では第九軍団長を務めている。

コンバットBの主攻はコブレンツ方面に向けられていたが、その左翼を進んだ支隊がレマーゲンにあるルーデンドルフ橋が破壊されていないことを確認した。ライン川に架かる橋が残っているとは考えていなかったので、ここで橋を手にしてライン川の右岸に渡ると補給などの全般計画が狂ってしまうが、大河を前に橋があるか、ないかは大きな問題だ。三月七日午後一時、現場に到着したホージ団長は橋を奪取することを決心して渡橋を強行、午後四時半までに歩兵大隊が右岸を固めた。機甲師団の戦闘団ならではの手際の良さだった。ちなみに戦闘によってライン川を渡河したのは、一八〇六年のナポレオン以来のこととなる。

米軍の戦車はM4だったことが少々物足りないとなるのだろうが、その五万両という生産数からもわかるように、現代戦で求められる生産性の問題は完璧にクリアーされていた。そして安定した性能のM3ハーフトラック、M7自走砲、M8装甲車、M10駆逐戦車が戦車の周囲を固めていた。さらに搭載量から系統立って設計した車両群が支えている。当時の米機甲師団一個はジープに始まる各種車両を二六〇〇両も装備していた。

前述のドイツ軍によるアルデンヌ攻勢によって連合軍の戦線に正面幅七〇キロ、奥行き一〇〇キロのポケットが生まれた。これを早急に閉塞するため米第三軍は進撃方向を九〇度も変更し、北に向かって押し上げることとなった。この方向転換に伴い第三軍は、新たな補給拠点六ヵ所を設け、すぐさま携行糧食二三万五〇〇〇食、燃料三〇万ガロン（ドラム缶五七〇〇本）を集積し、その集積量を維持し続けた。そして新たな作戦地域の地図五七トンを用意したとは驚くほかない。そして戦闘中の師団一個に対して日量六〇〇トンの常続補給を保証した。

このように軽快な運用を可能にし、周辺装備を固め、そして潤沢な補給、この三拍子が揃った米機甲師団は第二次世界大戦における最強部隊としてよいだろう。

◆「海兵隊は一家」という意識から生まれる団結

一九四二（昭和十七）年八月からのガダルカナル戦以降、沖縄戦まで米海兵隊にしてやられてきた日本としては、米軍の最強部隊は海兵隊だとするのが自然の成り行きだ。ところがアメリカでは、国防費の削減となるといつもターゲットは海兵隊となり、削減どころか廃止の可能性すらあった。そこで海兵隊は、組織防衛のため宣伝これ務めてきた。海兵隊出身のスターとなればチャールトン・ヘストンを筆頭に数限りなくいるから、そのキャンペーンは豪華なものとなる。その奮闘ぶりは、「マリンコーのプロパガンダはコミュニストのものより強烈だ」と評されて物議をかもしたことすらあった。

部外に対する宣伝の効果はさておき、第二次世界大戦と朝鮮戦争で米海兵隊が上げた戦果の秘密は、独自の航空部隊を抱えた上、海軍機の増援を受け、それによる近接航空支援の成功にあった。

もちろん陸軍でも航空支援は、勝利の切り札としていた。陸軍の航空支援は、前線に航空統制班を進出させ、在空している観測機と連絡し合って目標を定め、火力支援調整所と連絡を取りつつ航空支援が動き出す。一方、海兵隊と海軍では古参のパイロットが前方航空統制官となり、第一線大隊に二人ずつ配置される。これが航空機と直接連絡を取り合うので、迅速に対応できてかつ銃爆撃の精度も向上する。

そして朝鮮戦争中、米海兵師団は水陸両用作戦だけでなく、山岳地帯における撤収作戦にも適応できることを証明した。一九五〇年十月末、日本海側の朝鮮半島北部に上陸した第一海兵師団は、鴨緑江を目指して山岳地帯を北上して行った。そこを介入してきた中国軍（援朝志願軍）は、第九軍集団・一二個師団の大軍で包囲した。中国軍の全面的な介入を確認した国連軍は、全軍が三八度線まで全面撤収をすることになった。

第一海兵師団は、険阻な山の中の一本道、いわゆる長隘路にはまり込んでおり、全周を中国軍に包囲されている。さらには後退路の両側高地も中国軍が占拠している。こんな戦況では重装備や車両を捨てて、兵員だけを航空撤収するほかないとの意見も有力だった。ところが海兵隊は、撤収できずに取り残される部隊が生じかねない航空撤収を拒否し、陸路で後退することになった。

そして十二月一日に撤収作戦が開始された。零下三〇度にもなる極寒のなか、中国軍を掻き分けながら雪道五六キロを克服し、十一日までに海岸平野部に出て撤収作戦を成功させた。この快挙が報じられると、陸軍の将兵までが「やはりマリンコーだ。でなければ雪山に消えていた」と賛嘆したという。なぜ、この困難な撤収作戦が成功したかだが、戦術面では前述した近接航空支援が決め手となった。味方第一線の五〇ヤード前に着弾させ、敵方に転がって行くナパーム弾から吹き出す火炎は絶大な威力を発揮したという。

そして決定的だったことは、「海兵隊は一家」「ブロー（戦友）はブローを決して見捨てない」ということが言葉の上だけでなく、意識として定着していたことだ。負傷者の航空後送だけで手一杯となり、上級部隊の米第一〇軍団は遺体の航空後送を取り止めるよう海兵隊に指示した。ところが海兵隊は、「遺体になってもブローはブローだ」と遺体の航空後送を続けた。そして後退中、車両に乗る者は歩行ができない負傷者のみと定め、連隊長すら徒歩で後退した。このような姿勢の米海兵隊は、当然のことながら最強部隊としなければならないだろう。

◆日本に見る最強部隊

旧日本陸軍は、エリート部隊を育成してこれをモデルにし、各部隊をそのレベルまで引き上げることによって全体の強化を目指すという考え方をしておらず、あらゆるレベルで平準化を図ることが重視されていた。各部隊の資質、能力が同じならば、部隊の運用が容易になるからだろう。そういうことで、この部隊が最強だと持ち上げることを意図的に避けていたように見受けられる。

それでも日本陸軍は、地方ごとに部隊を編成する郷土に根差す構造だったから、それぞれの地方色が部隊のカラーに反映するので、あれこれ甲乙が語られていた。当時は物流が貧弱でタンパク質の摂取量に格差があったためか、半農半漁の地域の徴集兵は栄養状態や体格が良く、強兵に育つと語られていた。

また、郷土部隊であることを重視すれば、「一県・一連隊区（徴集機関）・一歩兵連隊」が理想形となる。たとえば「千葉県全県、佐倉連隊区、佐倉衛戍の歩兵第五七連隊」という具合だ。同郷意識によって自然と部隊の団結が図られるからだ。そして地方それぞれに独特な気風や習俗といったものがある。歩くことに慣れている農村部の壮丁、慣れていない都市部の壮丁、これは当時の陸軍では決定的な優劣になる。

このような要素に日露戦争での戦歴を加味すると、陸軍の最強部隊が浮かび上がってくる。大正十四年四月以降の四単位制の常設師団一七個で見ると次のようなことになるだろう。まず四国四県で編成され、旅順要塞攻略戦で苦戦した第一一師団（善通寺）だ。次が活発な気風の北九州で編成され、日露戦争では先陣を切った第一二師団（久留米）だ。そして日露戦争の後半、臨時に編成された第一四師団（宇都宮）は、第一師団を支えた地域の北半分からの壮丁からなるので期待できる兵団だ。

この三個師団は最強兵団と評価されていたため、長らく関東軍に配備されていた。そして関東軍の南方転用が始まると、まず「強剛師団第一号」と呼ばれていた第一四師団が昭和十九年四月に中部太平洋のパラオ諸島に送られた。そしてペリリュー島に入った歩兵第二連隊（水戸）と増援した歩兵第一五連隊（高崎）の一部が大健闘したことは広く知られている。

続いて転用されたのが帝国陸軍を代表する兵団とされていた第一二師団で、昭和二十年一月に台湾に入ったが、連合軍はここをバイパスした。第一二師団は昭和七年一月からの第一次上海事変以来、戦場に投入されることがなかったため「宝の持ち腐れ」と語られていたという。しかし、その子部隊、孫部隊となる第一八師団と第五六師団はビルマで死闘を重ねて『菊と龍』という小説にもなった。

関東軍が最後まで放さなかった常設師団は第一一師団だった。本土決戦準備のため昭和二十年四月になって第一一師団は高知県に入り、四国防衛の中核兵団となった。最後の一戦に臨み、郷土の防衛は郷土部隊にまかせるということだった。

明治建軍から八〇年で築き上げた軍の伝統も、昭和二十年の敗戦によって断絶を強いられた。そして再軍備から七〇年が過ぎ、新たに生まれた伝統とはどんなものなのか、最強部隊と語られるものはあるのか、寡聞にして知らない。自衛隊は旧軍と違って志願制を採っているためか、部内の実情などはなかなか伝わってこない。それでも「あそこは精強だ」「いや、あっちの方が強い」とかいった雑談は耳に入ってくる。

そこで面白いのだが、陸上自衛隊の最強部隊はどこかと思えば、戦前と同じく九州の師団が上げられている。昔は熊本の第六師団と久留米の第一二師団、今は福岡の第四師団と北熊本の第八師団だ。陸上自衛官は九州出身者が多かったからこうなるとは言えるが、九州勢が圧倒的多数を占めなくなっても、この傾向はそう変わらないようだ。社会は大きく変わったように見えるが、郷土色や地方独特な気風といったものは、そう簡単には変わるものではないと思う次第だ。

NF文庫

最強部隊入門　新装解説版

二〇二二年十月二十二日　第一刷発行

著　者　藤井久他

発行者　皆川豪志

発行所　株式会社　潮書房光人新社

〒100-8077　東京都千代田区大手町一-七-二

電話／〇三-六二八一-九八九一(代)

印刷・製本　凸版印刷株式会社

定価はカバーに表示してあります

乱丁・落丁のものはお取りかえ
致します。本文は中性紙を使用

ISBN978-4-7698-3283-6　C0195

http://www.kojinsha.co.jp

NF文庫

刊行のことば

第二次世界大戦の戦火が熄んで五〇年——その間、小社は夥しい数の戦争の記録を渉猟し、発掘し、常に公正なる立場を貫いて書誌とし、大方の絶讃を博して今日に及ぶが、その源は、散華された世代への熱き思い入れであり、同時に、その記録を誌して平和の礎とし、後世に伝えんとするにある。

小社の出版物は、戦記、伝記、文学、エッセイ、写真集、その他、すでに一、〇〇〇点を越え、加えて戦後五〇年になんなんとするを契機として、「光人社NF（ノンフィクション）文庫」を創刊して、読者諸賢の熱烈要望におこたえする次第である。人生のバイブルとして、心弱きときの活性の糧として、散華の世代からの感動の肉声に、あなたもぜひ、耳を傾けて下さい。